图说海洋

人一生要去的100个海岛

郑亭亭◎主编

海洋出版社

2017年·北京

图书在版编目(CIP)数据

人一生要去的100个海岛/郑亭亭主编. —北京：海洋出版社，2017.2

（图说海洋）

ISBN 978-7-5027-9619-8

Ⅰ.①人… Ⅱ.①郑… Ⅲ.①岛－世界－普及读物 Ⅳ.①P931.2

中国版本图书馆CIP数据核字（2016）第282610号

人一生要去的

100个海岛

总 策 划：刘 斌

责任编辑：刘 斌

责任校对：肖新民

责任印制：赵麟苏

排 版：申 彪

出版发行：海洋出版社

地 址：北京市海淀区大慧寺路8号(716房间)
100081

经 销：新华书店

技术支持：(010) 62100055

发 行 部：(010) 62174379 (传真) (010) 62132549
(010) 68038093 (邮购) (010) 62100077

网 址：www.oceanpress.com.cn

承 印：北京朝阳印刷厂有限责任公司

版 次：2017年2月第1版
2017年2月第1次印刷

开 本：787mm × 1092mm 1/16

印 张：13.25

字 数：318千字

印 数：1～5000册

定 价：39.00元

前　言

微风拂面，渚清沙白，这就是海岛最常见的形象。相对于海洋底部的神秘，海岛探出海面形成凸起，成为人们赖以生存的陆地，与其说它们是大自然的杰作，不如说是海洋的鬼斧神工更合适。

全球有多少个岛屿？这个答案或许只有天才知道，因为神秘的海洋只需要短短3个月，便可以造出一座新的小岛。在现有的十万多个海岛中，有许多凭借迷人的风光早已名声显赫，如“离天堂最近”的巴厘岛、“天堂的故乡”的毛里求斯等地，它们是海岛旅行者的首选，享受着无数人的推崇；还有一些“后起之秀”的岛屿，如“皇室的蜜月天堂”塞舌尔、“柏拉图的爱与自由”圣托里尼岛，它们虽然不是赫赫有名，但未经破坏的自然风光，传统原始的风土人情，吸引了一大批的拥趸。海岛，让人抛弃凡俗的喧嚣困扰，独享罕见的宁静；海岛，让人放下世故人情，享受阳光海滩自由惬意的休闲；海岛，挑战人的极限，在白雪冰川间，感受自然的美妙。

本书以100个知名的海岛作为主题，从其历史文化、风景特色以及人文风俗等方面，尽笔者所能，用真实的照片，带领读者认识它们、了解它们。

本书由郑亭亭老师任主编，参与资料及图片整理的还有李志飞、徐卫国、赵红洁、魏铭志、杨树洪、孙源龙、宋林林、李进军、王惠明、孙晋华等。

目 录

亚洲篇

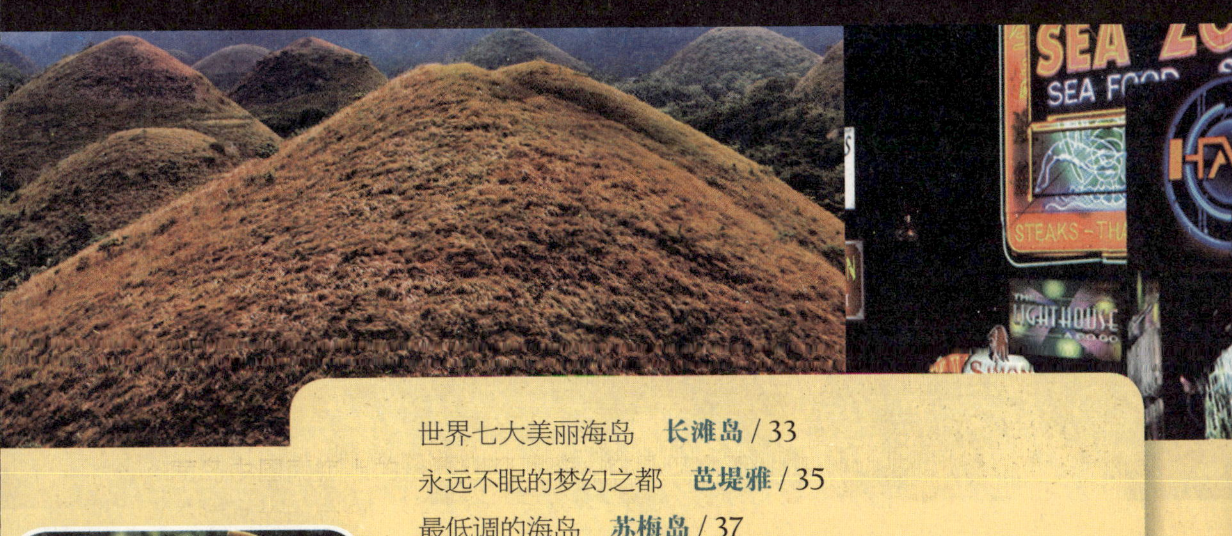
SEA
SEA FOOD
STEAKS-THA

日月潭

欧洲篇

非洲篇

美洲篇

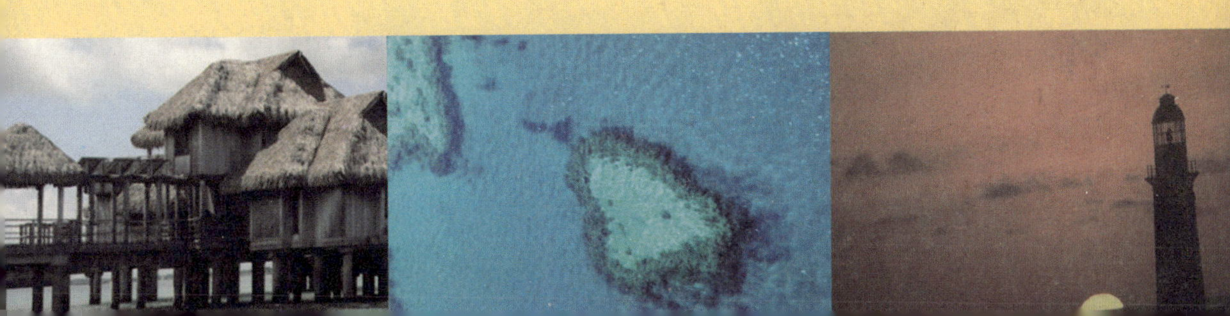

大洋洲篇

南极洲篇

Asia Articles

1 亚洲篇

[芭东海滩]

这里有游泳、太阳浴、香蕉船、帆板、游艇等各种海上活动项目，而这里的海水清澈见底，水中生物种类繁多，是亚洲地区公认的最优良的潜水地之一。

安达曼海上的一颗明珠

普吉岛

宽阔金黄的海滩、细腻无瑕的沙粒、碧如翡翠的海水，作为安达曼海上的一颗“明珠”，普吉岛美到几乎无可挑剔。这里紧邻四大洋之一的印度洋，无论哪个角落，你都能感受到海风中清爽的薄盐气息。在这里，你有一千个理由放松自己，徜徉在芭东海滩上，享受日照、海风和沙滩。也难怪近年来普吉岛成为了旅行者的首选，因为，这个地方实在太过“妖娆”。

所属国家：泰国
语　　种：泰语
推荐去处：芭东海滩
　　　　　皮皮岛
　　　　　…

普吉岛，泰国最大也是最知名的岛屿，据称，去过泰国的游客没有不去普吉岛的。热浪、海滩、椰子树，普吉岛满足了人们对海岛的所有美好想象，因此，近几年普吉岛每天都是人头攒动，但这也不会妨碍普吉岛继续受到旅行者的青睐，称为“最热门”的岛屿之一。

普吉岛自然资源十分丰富，盛产锡、橡胶、海产和各种水果，因为物资丰富，普吉岛被赋予了“珍宝岛”“金银岛”的美称。普吉岛也是泰国最大、人流量最大的岛屿，但大部分游客都聚集在芭东海滩或普吉镇上，这也成为了整个普吉岛的两个中心。

普吉本岛的几大海滩目前已经开发得十分完善，购物娱乐和美食都一应俱全。芭东海滩拥有迷人的海岛风光，它是目前普吉岛开发最完善的海滩区。在这里，海水清澈见底，细软的沙滩，澄明的海水，似乎都在得意地诉说芭东海滩的美丽与富饶。而在普吉岛的西海岸，那里正对着孟加拉湾的安达曼海，在那里遍布着白色的沙滩，嶙峋怪石，再加上丛林遍布的山丘，每年都吸引着大量旅客。

你可以在一个风和日丽的下午，享受太阳浴、香蕉船、帆板、游艇等各种项目，观赏水中繁多生物种类，和各种鱼类一起享受着自然的馈赠。喜欢水上活动的旅行者还可以去周边看看各种离岛，如被称为“珊瑚花园”的斯斯米兰岛，项目种类丰富的珊瑚岛和被誉为泰国“小桂林”的攀牙湾等。去离岛潜水其实才是普吉旅游最让人心动的所在。除了这些传统的小岛，新开发的皇帝岛，环境也十分优美。

[普吉镇街角掠影]

在距离芭东海滩三千米外的海滩带上，各种旅馆、购物中心、酒吧错落有致，许多露天酒吧一直营业到深夜2时左右。对于喜爱夜景的旅行者，芭东海滩是一个极佳的休闲场所。

除了芭东沿海外，普吉府的省会普吉镇也是旅游者们十分青睐的一个旅行地，与芭东海滩相比，普吉镇胜在古老的建筑，却都因为有完善的各项服务而得到游客们的青睐。

在许多东南亚地区，小镇都十分的简陋，简易棚户下卖早点的阿婆随意摆放着的食物，会让人有一种回到70年代的即视感，但与其他小镇粗糙的生活环境相

[查龙寺]

查龙寺是全普吉岛 29 间隐修院中最宏伟华丽、最大的佛教寺院，整个寺庙结合了泰国南部、中部和东北部的建筑风格。寺院内最引人注目的是一座 61.4 米高的宝塔，里面供奉着一块从斯里兰卡带来的佛骨，据传是 Phra Borom Sareerikatat 的遗物。

比，被绿色包围的普吉镇，干净整洁，空气清新。沿着泰朗路两旁多为 2 ~ 3 层的连排屋舍，因为大都是华人移民，因此还有些早期中国的影子，为求保持原貌，当地政府已经规定该地区不得修建高楼，汽车摩托车有序停放，沿街排列的电线杆，交织的电线，两层小楼的居民房，恬静淡雅，处处散发出一种舒适的小镇气息。

因为泰国是一个典型的佛教之国，所以普吉镇上的寺庙非常多，佛教文化也十分的浓厚，普吉镇的佛像精致得像一个个工艺品。查龙寺位于普吉镇往南约 8 千米处，是普吉岛上最大的佛教寺庙。在泰国人民的眼里，这里是风水宝地，寺庙的建筑风格非常独特，你可以在这里尝试着顶礼膜拜，听听佛乐，完成一次对心灵的洗礼。

在普吉岛，一年四季都是夏天，在镇子的两旁，那些椰树上累累的椰果，也会让你轻松感受到自然的气息。

在普吉这个远离陆地的海岛上，你可以抛却所有的生活杂念与压力，享受周围的无与伦比的美丽，享受张口就是略带咸湿气的海风，逃离工作、逃离压力、生存之网，这也许就是热带的地球能够给人类最好最美的馈赠了。总之，无论怎样的普吉，只要遇见了，便都是美好的。

被天灾遗忘的伊甸园

沙巴岛

在马来西亚的南部，世界第三大岛婆罗洲岛的北上端，有一座“被上天眷顾”的小岛——沙巴岛，“沙巴”在马来语中意思为安全的港湾，因为地处台风下风向，从未发生过台风、地震、海啸等灾难，故而得到了“风下之乡”的美誉。那未经破坏的小岛、美丽的珊瑚、清澈的海水都让每个来到这里的人难以忘怀。

[东南亚最高的山峰——哥打根那巴鲁]

海拔约4000米，山顶矗立着一整块巨大的花岗岩，经过千万年的风吹雨打，似乎在遥望着迟迟未归的亲人。

沙巴岛位于马来西亚南部，西临中国南海南部，其洒满落日余晖的金色沙滩广受旅游者推崇。从空中俯瞰沙巴岛，从蓝到绿，渐变得十分有层次。从其海岸线朝西，排列着几处岛屿，每到傍晚，河边的红树林都会有萤火虫聚集，萤火虫在树林间飞舞，把一棵棵红树装扮得似圣诞树一样耀眼美丽，再配上漫天的星星，成就了当地的一道独特风景。

所属国家：马来西亚
语　　种：马来西亚语
　　　　　华语、英语
推荐去处：仙本那
　　　　　山打根等

沙巴拥有东南亚最高的山峰——“哥打根那巴鲁”，

仙本那海滩

从海景来说，仙本那不比马尔代夫逊色，而且仙本那似乎更有人情味。

这座山峰又被当地人称为“寡妇峰”，关于寡妇峰的故事与中国古老的“望夫石”传说有些相似，也许每个美丽的景点都会有一段令人心动的传说。爱好挑战极限的人，可以在这里进行攀登，相信你一定会体会到不一般的快感。

这里还有得天独厚的海滩和随处可见的天然港湾，这些都使这里的高尔夫球场拥有天然的造景，因此也成为高尔夫迷们最推崇的地方。沙巴有相当悠久的高尔夫历史，从英国殖民时代起，高尔夫就曾风行一时。

[世界上最大的花卉——莱佛西亚花]

莱佛西亚花血红色的花瓣上点缀着一些斑点，它散发着腐肉般的恶臭，又被称为尸花。一般的莱佛西亚花只有五天寿命，而最大的竟可生长至直径一米，重量达七千克。

喜欢在探险中寻找乐趣的游客，可以沿着山峰进入原始森林，在那里，可以乘筏渡河，勘察岩洞，或者前往深海及进行垂钓，还可以潜水观赏各种颜色的海洋生物；对自然界的生物充满了好奇心的游客，可以在世界最大的森林保护区近距离观赏世界上最大的花卉——莱佛西亚花以及婆罗洲森林人猿，除此之外，热爱体验风土人情的游客，可以游览部落长屋，体验地道的“斗磨”集市买卖滋味。

作为马来西亚第二大州，沙巴岛的文化十分多元，30个种族群共同拥有着这片热土，他们信仰伊斯兰教，生活简单而又淳朴，但也能在这里见到现代化带来的繁荣与进步。在沙巴岛的首府亚庇，使用华语的居民随处可见，这些在19世纪移居过来的华人已经彻底融入了这个小岛，成为这里的主人。

在这个“被灾难遗忘”的世外桃源里，你可以尽情享受上天对这里的每一寸优待，毕竟，这里是留存不多的几座伊甸园。

[普林塞萨地下河国家公园]

普林塞萨地下河是菲律宾巴拉望岛上的一条天然地下河，全场 8.2 千米，为“世界新七大自然奇观”之一。

菲律宾文化的摇篮

巴拉望岛

这里被称为“海上乌托邦”，也被称为“菲律宾最后一块生态处女地”，它拥有全菲律宾最干净的湖泊，以及菲律宾迄今为止自然生态环境保护最完好的地方。与此同时，这里还拥有悠久的历史以及多元化的文化，是菲律宾旅行的必来之地。

在中国南海的尽头，有一块“超然于世外”的狭长形岛屿，这里是菲律宾人烟最稀少的地方，但它却独享堪比婆罗洲的热带丛林、不逊于帕劳的遍布岛礁以及像马尔代夫一般的透彻海洋，这就是巴拉望岛。

巴拉望岛的美，如梦如幻，在这里，生长着其他地方没有的许多珍稀物种，如濒临灭绝的海龟和“美人鱼”的原型——世界上最珍贵的海洋动物海牛，巴拉望拥有世界上最优质的水体，可谓是垂钓者的天堂，海水下有珊瑚礁和彩虹般的暗礁墙，环绕海岸和海峡绵延数里，周围还有众多海洋生物栖息。

所属国家：菲律宾
语　　种：菲律宾语
　　　　　英语
推荐去处：普林塞萨地下河国家公园
…

多年的旅游开发让旅行者对巴拉望这个名字不再陌生，它以纯净的自然环境和未开发的原始森林吸引着世界各地的游客，这块亚马孙式的丛林是菲律宾最后一块原生态地区，保留了面积较大的自然原始风貌，加上它周围一千多个大小岛屿，因此，巴拉望被称为海边乌托邦。在这样一片浪漫的“海上乌托邦”里，潘丹岛、里塔岛、邦里玛群礁等小岛都深得潜水和浮游爱好者的钟爱，因此，它也称为潜水者的乐园。

[普林塞萨地下河内部]

位于巴拉望岛奎松城的塔博洞穴被称为“菲律宾文明的摇篮”，它是一个由超过200个洞穴汇集而成的蜂窝状洞穴群，塔博洞穴是东南亚历史最为悠久的人类遗址，它们以天然墓地的形式向我们呈现着史前文明。

巴拉望的首府普林塞萨港又称公主港，它是巴拉望岛中东部的一个港口城市，来到公主港，一定要去看看世界闻名的普林塞萨地下河国家公园。

因为其原始的自然生态环境，普林塞萨地下河国家公园1999年就被评选为世界自然遗产。这里90%的地貌都是由喀斯特灰岩山脊组成，十分壮观。

除了美轮美奂的景色，巴拉望岛的悠久文化也让许多旅行者无比心动。巴拉望岛是菲律宾文化的摇篮，这里的文化，与中国有着千丝万缕的联系。

“巴拉望岛”是中国人最早发现的荒蛮岛屿之一。很早以前它就被我国渔民发现并利用，他们在这一带打鱼，因为这里的居民多是郑和船队的后代，因此，也有许多人把它称作“郑和岛”，元代著名的天文学家郭守敬也曾在巴拉望岛进行科研工作。

在百岛争艳的今天，巴拉望就像孤傲的梅一般，独自绽放着专属它自己的原始与绚烂。

[汉拿山]

汉拿山是韩国三大名山之一，是韩国最高的山，在济州岛任何地方都能看见。观看的角度不同，山势不同，并且会随着季节变化山色随之变化，是座神秘莫测的山。

神话传说里的海岛

济州岛

它“出生”于120万年前，是一座火山喷发而形成的岛屿，因为过分美丽，它常常被旅行者放入神话的故事框架里，被称为“仙人带来的岛屿”。当然，济州岛的出名也少不了韩剧的帮衬，在《我的名字叫金三顺》中，男主玄彬为了追求金三顺，曾冒着狂风骤雨登上了济州岛上海拔1950多米的汉拿山山顶，终得以牵手心仪之人，也许，就是从这部电视剧开始，韩剧迷们都把济州岛与神圣的爱情联系在了一起，于是，济州岛上从此也平添了许多的美丽传说。

济州岛是韩国最大的岛屿，位于朝鲜半岛最南端，是一座典型的火山岛。在小说《25时》中，英国作家乔治曾称“济州使人生得救了”，而美国前总统克林顿则赞美它为“诸神之岛”，除此之外，济州岛还有“和平之岛”“浪漫之岛”“蜜月之岛”等诸多美称。

所属国家：韩国
语　　种：韩语
推荐去处：汉拿山
　　　　　泰迪熊博物馆
　　　　　城山日出峰
　　　　　…

在韩国，济州岛是神秘的象征，在这里，流传着许多的神话传说。关于济州岛的由来，有人说曾经有三位从东海碧浪国乘木舟而来的公主，在济州岛一带停留时遇到了三位仙人，从此产生了一段美丽的爱情，他们便

[城山日出峰]

在这里结了婚，还建立村落，开始长期的定居生活，自此便有了济州岛，而济州岛屿的著名景点“三姓穴”据传就是神话中仙人留下来的遗迹。当然，神话大多是虚妄的，是人们对美好的憧憬，但是，这里“不可方物”的美，却丝毫不输神话里的“仙境”。

2011 年 11 月 12 日，济州岛入选了“世界新七大自然奇观”，其实早在 2007 年，济州岛的火山岛和熔岩洞就已经被联合国教科文组织定为世界自然遗产，那奇特的火山柱状节理海岸，巧夺天工之石，真似人工雕琢一般。

济州岛的美景数不胜数，但最为著名的自然是瀛洲十景了。这十景主要包括：纱罗峰公园落日、城山日出、瀛丘春花、吉林秋色、正房夏瀑、山浦钓鱼、古数牧马、山房窟寺、灵室奇岩以及鹿潭晚雪。

纱罗峰公园落日被游客称为十景之首，这也是每个来济州岛的人不可错过的自然景观，在傍晚时分，天边红霞漫天，与海的尽头互相辉映，连成一片，此时登上纱罗峰，可以尽情享受这堪比人间仙境的落日景观。

有落日自然也要有日出，“城山日出”主要就是指在城山的日出峰观赏冉冉升起的东海日出，在氤氲的雾

[正房夏瀑]

[山房窟寺]

气的笼罩下，橘黄色的太阳从海面冉冉升起，形成了“海天一色”的壮观场景。此时，最宜在这里和恋人手拉手许下海誓山盟，或者去追溯过去的美好时光。

除了瀛洲十景之外，素有“韩国夏威夷”之称的济州岛也有十分迷人的热带风光，在西部的翰林公园，可以看到成片的充满着热带雨林风情的椰子树，还有因为火山喷发而形成的挟才窟、双龙窟，这些自然的“造化”，展现了济州岛特有的神韵，很是壮观。

济州岛不仅兼具了独特的海岛风光，而且还传承了古耽罗王国独特的民俗文化，到今天为止，济州也已经有了将近1500年的历史，据说在三国时期，济州就已经建立了名为“耽罗”的古代国家，在高丽高宗时改称“济州”。

在汉拿山下的城邑民俗村，保留了许多文化遗产，在这里，可以看到韩国古代村庄的原貌，那看似堆得杂乱无章的石墙，以及为了防止大风打造的“奥来”，还有那随处可见的石神像，都是济州岛传统文化的精髓。

济州岛的美，都融会在每一处岩洞、每一个小村庄之中，在这里，你可以满足自己关于海岛的一切想象，当然，在这里，你也要忍受成群结队的游客，这可能就是美景的代价吧。

[海女像]

济州岛是一个远离陆地的孤岛，很久以前，下海捕捞是当地人生活的主要来源。历史上，济州岛的海女可追溯到6世纪。当时岛上的习俗是男主内，女主外，于是潜水就成了女人们代代相传的一项重要的生存本领，“海女”这个称呼也由此而生。

[石神像]

石神像是济州岛的象征，它是一种独特的黑灰色火山石雕塑的石头老人，当地人亲切地把这些“老人”叫作“石头爷爷”。石头爷爷像大多眼睛外凸、嘴唇紧闭，甚是庄严，传闻摸摸石头爷爷的鼻子可以生儿子，而摸摸石头爷爷的肚子和手则可以升官发财。

[巧克力山]

巧克力山高度从十几米到100多米之间，被称作世界第八大奇迹。

清爽如初恋

薄荷岛

在菲律宾这个太平洋岛国上，游散着7000多个大小不同的岛屿，其中一个叫做薄荷岛的小岛面积不大，但却有着形状最奇特的巧克力山以及世界上最小的迷你眼镜猴，这里没有明显的雨季和旱季，因此，一年四季都可以在这里感受到最迷人的景色。

所属国家：马来西亚
语　　种：马来西亚语
　　　　　华语、英语
推荐去处：巧克力山
…

有人说，薄荷岛是菲律宾7000多个岛屿中最美的一个，这里的海洋清澈见底，被称为世界潜水爱好者的天堂。除此之外，这里还有落差3000尺的海底悬崖、由1268个大小山丘组成的棕褐色的“巧克力山”以及世界最迷你的眼镜猴，这些都成为了旅行者驻足在薄荷岛的理由。

不过，薄荷岛最美的还是海滩，甚至有人说这里的海滩丝毫不逊于马尔代夫，由于薄荷岛属于珊瑚岛，因此，海洋里破碎的珊瑚常常被海水冲上沙滩，长年累月，这里的沙滩变成了白茫茫的一片，这里的沙滩不光白，而且十分细软，将脚轻轻地踏上去，会感觉到好像踩在了面粉上，舒服而又柔软。在阳光的照射下，沙滩把海水映衬得层次鲜明，近处的浅绿和远处的深蓝对比强烈，而在海天相接处则是宝蓝，然后慢慢过渡成孔雀蓝和翠绿，这一层一层的海与天，就这样随风晃动着，最后停滞下来，给人以强烈的视觉冲击感。在闲时，还可以在两棵椰子树之间搭一个吊床小憩，懒懒地望远处的白浪与碧帆，体会这海天一色带来的美感。

[眼镜猴]

眼镜猴是这个热带岛国的国宝。这是一种眼睛大如金鱼、脚上长吸盘、尾巴细长的猴子。目前只有2000来只，由于薄荷岛的气候、食物以及湿度等因素，有利于眼镜猴在此居住，因此全世界只有薄荷岛才看得到眼镜猴的踪迹。

除此之外，在薄荷岛海滩的度假村也是一个让人十分愉快的体验。薄荷岛的魅力之一就是这几十个傍海而筑、各有风格的度假村。它们有的在阳台上设有按摩浴缸，有的则拥有全玻璃墙的浴室，还有的提供特别的按摩服务——躺在沙滩上的椰子树下让菲律宾侍者按摩。在这里，还可以欣赏海边的落日。

除了浅白色的海滩，巧克力山也是薄荷岛的一大“招牌”。巧克力山成形于复杂巧合的地质运动，在很久以前便形成了1000多座圆锥形高矮不一的山。由于成分多为棕色的岩石，因此，想象力丰富的菲律宾人就把这些山称为巧克力山，还赋予了它许多美丽的传说，其中最感人的就是巨人阿罗哥的故事：传说容貌丑陋的巨人阿罗哥爱上了当地最美的姑娘阿拉雅，按照当地的风俗，阿拉雅在结婚前在当地的河中沐浴，阿罗哥忍不住便把这位姑娘抢了回家。然而姑娘却被阿罗哥的容貌吓坏了，最后心脏病发作离开了人世。又悔恨又难过的阿罗哥因为伤心过度竟然也活活哭死，最后他的眼泪便化为这座巧克力山，而他的身体也变成了当地的布诺蔓山脉。

薄荷岛的美，就像初恋一样清爽，如果你来过，定过目难忘。

离天堂最近，离烦恼最远

巴厘岛

可以不知道印度尼西亚，但绝对不能不知道巴厘岛。这个面积 5620 平方千米的海岛，近年来成为了亚洲最受欢迎的旅游区之一。它不仅拥有每年数百万的人流量，还吸引了杨幂、刘诗诗、梁静茹、林熙蕾等一众明星把将它作为了自己“情定终身”的场所，在游客的眼里，它美得高调、美得张扬、美得不可一世。

所属国家：印度尼西亚
语　　种：印尼语
推荐去处：金巴兰海滩
海神庙
…

巴厘岛位于印度尼西亚小巽他群岛西端，呈东西走向的菱形分布。它面积约为 5620 平方千米，人口约有 315 万人。它是印度尼西亚 16800 多个小岛中最为耀眼的一个，由于巴厘岛风景秀丽，景物宜人，因此，它被许多旅行者冠以了“恶魔之岛”“神明之岛”“绮丽之岛”“罗曼斯岛”“魔幻之岛”“天堂之岛”“花之岛”等美誉，2015 年美国著名旅游杂志《旅游 + 休闲》把它评为世界上最佳岛屿之一。

巴厘岛一直以来就是西方游客的度假和旅游胜地之一。在踏上巴厘岛之前，你也许从未想过，世间竟然有这样一个海岛：它集高山与海滩于一身，它既有热带丛林，也有农田遍野；既有林立的庙宇，还有充满了异国风情的美女；除此之外，美食、艺术、美景，这些也都是巴厘岛的“标准配置”。

由于地跨赤道，巴厘岛具有典型的热带气候，这里四季分明，每年十二月到次年的二月是降水量最丰富的季节，又由于印度尼西亚东靠太平洋，西邻印度洋，因此，这里也具有了海洋性气候的特征，你可以在氤氲的空气中品味来自印度洋海风的气息，这种惬意而舒适的生活，是每个来巴厘岛度假的人都啧啧称赞的。

在所有的海岛中，海滩是必不可少的，巴厘岛海水湛蓝清澈，海滩沙细滩阔，空气也是十分的清新自然，在这里，没有闹市的喧哗，可以放开身心回归自然。

巴厘岛的沙滩在全世界的海岛里也许算不上最美的，但要说到全球最美的日落，巴厘岛一定能排得上前几名。到了巴厘岛，别忘了选择一个傍晚，去到传说中的金巴兰海滩，与朋友爱人，安静地坐在海边，欣赏一场完美的海上日落，当海和天空都被映得通红，那美得无与伦比定会让你永生难忘。

每个景点，总少不了故事，巴厘岛也不例外。巴厘岛著名景点之一的乌鲁瓦图寺建立在悬崖峭壁，又称为情人崖和望夫崖。传说当地有一对门户不当的青年男女相恋，女方的父亲是村长，不允许女儿下嫁布衣，于是两人绝望之下在乌鲁瓦图断崖相拥投海殉情。这个有些离奇色彩的传说，给乌鲁瓦图断崖平添了更多的人情味。

除此之外，巴厘岛还拥有世界上最精致的酒店和度假村，游客可以通过选择居住不同类型的主题酒店来游

[海神庙]

海神庙始建于16世纪，坐落在海边一块巨大的岩石上，每逢潮涨之时，岩石被海水包围，整座寺庙与陆地隔绝，孤零零地矗立在海水中，在落潮时才与陆地相连。

[乌鲁瓦图寺]

[圣泉寺泉水]

圣泉寺有着上千年的历史，传说在英特拉神和马亚连那瓦魔王对战时，英特拉神为了救回被魔王毒死的臣民，特令涌出不死泉水，时至今日，圣泉依然清澈如故，还具疗效，而且据说不同出口的圣水疗效不同，因此吸引了来自世界各地的善男信女前来顶礼膜拜、沐浴。

[圣泉寺历史碑]

玩和体验巴厘岛风情，这种慵懒而又放松的玩法，会让人更加深入地体味到巴厘岛给你带来的奇妙乐趣。

巴厘岛的居民主要是巴厘人，他们信奉印度教，但这里的印度教同印度本土的印度教有一些不同，这里的印度教是印度教的教义和巴厘岛风俗习惯的结合，称为巴厘印度教。居民主要供奉三大天神（梵天、毗湿奴、湿婆神）和佛教的释迦牟尼，还祭拜太阳神、水神、火神、风神等。在教徒家里都设有家庙，家族组成的社区有神庙，村有村庙，全岛有各式庙宇 125000 余座，因此，该岛又有“千寺之岛”之美称。这里的庙宇建筑、雕刻、绘画、音乐、纺织、歌舞和风景一样闻名于世。

海神庙是巴厘岛中西部海岸的一座寺庙，是巴厘岛六大寺庙之一。海神庙在巴厘语中译为“海中的陆地”，庙宇位于塔巴南，距丹帕沙约 20 千米，在海水涨潮时，与其连接的通道会被淹没，无法通行，必须等待退潮才能进入庙宇参观。日落时分是海神庙的最佳观赏时间，在晕黄的日落的照射下，海浪凶猛地拍打着海岸，激起千层浪，景色十分壮观。

[象穴]

巴厘岛象穴始建于公元 11 世纪，象穴内祭祀印度教的幸运之神，是旅客必游之地。

在巴厘岛，可以享受风景秀丽的金色海滩，透明清澈的蓝色海水，在人群中来来去去，可以体味这里独特的宗教文化。相信，这个汇集了世界上所有浪漫的地方必会让你流连忘返，心旷神怡。

独行侠的栖息地

停泊岛

[大停泊岛]

如果你是一个独行侠，如果你喜欢小众的目的地，那么，停泊岛就是为你量身打造的，停泊岛由大、小停泊岛组成，距离丁加奴海岸仅21千米。这里覆盖着广阔的原始森林，还有几百米长的专属沙滩以及马来西亚最美丽的海洋。

所属国家：马来西亚
语　　种：马来西亚语
　　　　　英语
推荐去处：尼塞亚湾度假村
…

停泊岛分为大停泊岛和小停泊岛，它们被深海包围、被原始丛林覆盖，与外面的世界有着截然不同的天然美景与原始风俗，如果你是一个“独行侠”，你可以在这里探寻最原始的自然风光，由于生态环境极好，这里也是渔民、候鸟的庇护所。

在这里，可以看到各种各样的热带鱼类，这里被珊瑚礁环绕的海水，是旅行者潜水或观景的绝佳去处。你也可以走在近百米长的专属沙滩上，赤脚感受又细又软的沙子，或者在沙滩边的凉亭下，躺在靠椅上欣赏迷人的码头风景。还可以安排环岛巡游，或租用船只到僻静的小海湾去游泳。

要去停泊岛游玩，最好选择3—11月中旬进岛，在12—2月，停泊岛一般会对外关闭，然后在2月份重新开放，以迎接新一轮的游客。

[小停泊岛]

最具幸福感的海岛

绿中海岛

如果你想去世界上美丽却鲜有旅客的岛屿，如果你想去马来西亚最顶尖的私人度假岛屿，如果你想躺在世界十大著名沙滩中晒着阳光，那就去绿中海岛吧！

所属国家：马来西亚
语　　种：马来西亚语
　　　　　英语
推荐去处：翡翠湾

…

［绿中海岛伸入海中的一角］

从海上平视过去，绿中海岛就像一只俯卧在海上的硕大鳄鱼，头朝北，尾则深藏在海中。小岛四周的海水是绿色的，如翡翠一般。

绿中海岛，是马来西亚邦咯岛的数十个群岛中的一座，位于印度洋、安达曼海域，是马来西亚顶级的私人度假岛屿，也是全球排名第三的岛屿度假观光胜地。世界十大著名沙滩之一的翡翠湾，就在岛屿的西北方。

绿中海岛是马来西亚半岛西海岸一个面积只有 300 平方公尺的私人小岛，岛上只有一个度假村。绿中海岛属热带雨林海洋性气候，无明显四季之分，一年中温差极小，平均温度在 26 ~ 29℃之间，全年雨量充沛。绿中海岛是“世界十大度蜜月景点”之一，被称为“世界最浪漫的海岛”。

[绿中海岛落日一景]

绿中海岛是“世界十大度蜜月景点”之一，拥有“世界最浪漫的海岛”的美名。绿中海岛是马来西亚顶级的私人度假岛屿，全球排名第三的岛屿度假观光胜地。

绿中海岛在马来西亚北岸的海湾中，是一座极其私密的海岛，被晶莹清澈的水域、洁白的海滩、多样的植物森林所环绕，号称有堪比马尔代夫的美貌。绿中海岛也被称为“幸福岛”，岛上风景秀美，景色宜人，有成片白沙滩，海水清澈见底，呈翠绿色。

私密、奢华是绿中海的特色，在这个同马尔代夫一样“一岛一酒店”的度假村，可以选择海上别墅、沙滩别墅、花园别墅、山坡别墅、SPA 别墅，多样的景色，一样的静谧。

岛上的清晨鸟儿啁啾，黄昏落霞灿烂。可以在“世界十大海滩之一”翡翠湾独享安静的日光浴，也可以在弥漫着月光的餐厅品尝东南亚美食。还可以租船出海，

[绿中海岛鸟瞰]

去珊瑚礁小岛探险，垂钓红、白斑鱼；或是跟随酒店的向导，探索两百万年的热带雨林。无论做什么，一切由你的心做主。

许多不喜欢被打扰，或是想避世的人们很喜欢这个地方，很多好莱坞大牌明星都曾经携家带口来到这个岛屿上度假。这个岛屿也深受情侣们的喜爱，曾被评为“世界十大最佳蜜月岛”之一。绿中海岛是一个充满野趣的地方，不时可以看到孔雀旁若无人地走来走去，平常得好像自家养的土鸡。最好不要去招惹岛上的猴子们，它们一点不把自己当外人，餐桌上的水果是它们的最爱。

[绿中海岛孔雀]

[绿中海岛犀鸟]

[绿中海岛猴子]

绿中海岛有着悠久历史的原始森林，生活在其中的生活多种多样，较为著名的有七彩孔雀、犀鸟和猴子。

有时它们也会趁客人不注意，溜进客房里翻找吃的。这里还有很多壁虎之类的小动物。这些旅游资源每年吸引着无数的游客来此观光游览。

绿中海岛的白沙滩和海水值得泡上一天，关键还在于人少、安静。酒店面前也有海滩，虽然差些，但也算相当不错的。喜欢海洋的可以自费参加离岛游，在小海湾停下来浮水、游泳或懒洋洋地躺在沙滩上，还可以海钓红斑鱼、白斑鱼做 BBQ。

绿中海岛上有两百万年历史的雨林，沿着分布山涧水湄的小木屋旁，还有世界唯一一座依山而建的电梯。搭乘免费班车进入雨林，然后按照地图，或者跟着向导，穿越热带雨林，可以见识岛上的各种植被，还有各种鸟、猴子、孔雀等。

最有混血气质的海岛

冲绳岛

它被称为“东方夏威夷”，成片的棕榈树、槟榔树自在地生长着，和海水、沙滩构成了一幅绝佳的视觉图画。它也是日本人心中的“香格里拉”，总有一种与世无争的安适与宁静充斥着街头巷尾。它还是空手道的故乡，百多年来，这个安静的小岛被赋予了太多的故事与文化，在这里，你可以停下匆忙的步伐，去亲近这座小岛，触摸历史烙下的痕迹。

冲绳远离日本本土，地处与中国和东南亚的连接点，拥有独特的，有别于日本本土的自然景观。

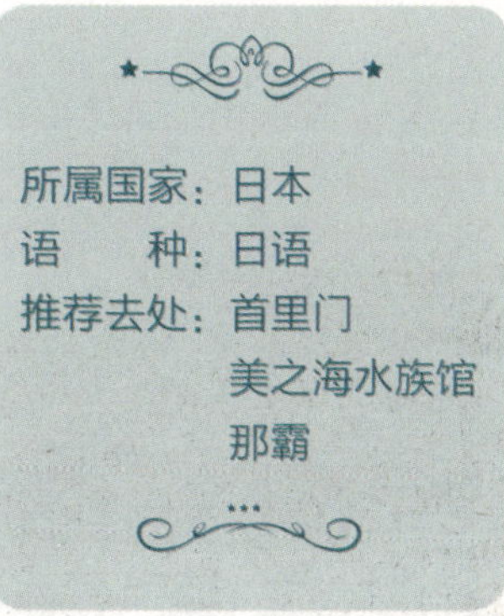

所属国家：日本
语　　种：日语
推荐去处：首里门
美之海水族馆
那霸
…

不管是称为“能容纳万人坐下的草原”的万座毛还是拥有多个世界之最的美之海水族馆，抑或是2000多种亚热带植物争奇斗艳的东南植物乐园，冲绳都算得上是同一纬度上最具海岛风情的小岛。漫步在沙滩上，看着眼前的碧海蓝天椰子树，你一定会感觉到身上的每一个毛孔都塞满了专属亚热带的阳光。日本人常常说“看着冲绳的海就可以忘掉一切，所有忧伤都神奇地被治愈

[美之海水族馆]

馆内蕴含800多个珊瑚种群。容量巨大的黑潮之海中游弋着全世界最大的鱼类：鲸鲨，还有全球第一条成功人工培养的前口蝠鲼。“黑潮之海”贯穿了水族馆的一、二两层，曾被吉尼斯世界纪录所公认的世界最大亚克力窗口。

了”，你可以任海风肆意吹散头发，或者干脆脱掉外套，与沙滩来个亲密接触，旅行的意义大抵就是如此吧。

在冲绳岛，夏日似乎从不会褪去，湛蓝的天空下，海风轻轻拂过，当清澈的海水拍打在冲绳岛海岸的沙滩上，那海浪的声音就像是一封封来自大海的邀请函。当海水退去时，海滩上的珊瑚礁随处可拾，清澈的海水闪耀出碧绿的光辉，显得十分美丽。冲绳的沙滩，白得十分剔透，清晨静静地躺在白沙之上，享受这治愈系的海滩，就像在做一个干净而遥远的梦。那些令人流连忘返的沙滩，单单驻足稍许便可以让你遐想连篇。

受温暖的黑潮影响，岛上一年四季都盛开着鲜艳的各式花朵，它们与白色的沙滩、蔚蓝色的海水形成了鲜明的对比，就像是形成了一幅小清新的风景画。

与这座海岛的自然风光交相辉映的，则是它独具混血气质的文化。

[首里城]

[首里城正殿]

首里城是琉球群岛的重要古迹，是以战后残留的原型为样板复制的唐朝风格建筑。

在这里，很难将它与日本的和服、温泉、樱花联系起来，当看到街边开着哈雷呼啸而过的美国大兵时，抑或是邂逅了街边似曾相识的充满着古中国味道的红砖绿瓦时，你一定会惊讶于这个小岛的多样性。

说到冲绳，不得不提它烙印着时代印记的文化。在日本，冲绳是一个独特的存在，它在日本，却又不像日本。就像冲绳有首民谣唱的那样：“从中国的时代到日本的时代，又从日本的时代到美国的时代，冲绳真是瞬息万变啊。”

历史上冲绳本名叫琉球，明清时代它是中国用来流放犯人的蛮荒之地。之后，冲绳又被日本、美国相继占有，成为了一个混杂多方文化与居民的地区。

霸市的首里古城，就像是一个久居冲绳的“说书人”，它是古琉球的都城，宫殿蔚然壮观，它见证了冲绳从辉煌到衰落的历史，如今，仍然静静地守候着这个曾被遗忘、后又被争夺的小岛。

[2000日元纸钞守礼门图案]

2000日元新钞票于2000年7月19日开始使用。

首里古城得名于明朝万历皇帝赐给琉球国的诏书中的一个词：守礼之邦。这四个字被刻上匾额，高悬在首里古城最显眼的一座充斥着“中国风”的牌楼上。

这座牌楼被称为“守礼门”，守礼门是整个琉球群岛最重要的代表性建筑。它代表着琉球文化，甚至还被印在了2000日元纸币上。

[首里门]

[漏刻门]

首里城融合中国、日本及冲绳岛的建筑特色。如今的古堡有北宫、南宫、首里门及多座城门。

[玉泉洞]

玉泉洞是钟乳石洞，约5千米长。洞穴及附近已建成旅游村，除钟乳石洞，村内还有一个毒蛇园和文化园。

除此之外，中国的饮食文化也深深地镌刻在了这个小岛上。不同于大和民族对生冷食物的特殊依赖，在冲绳，那里的人们都钟情于炒苦瓜和猪肉，青苦瓜切片与猪肉片翻炒后再加入鸡蛋，一道充满着中国味的家常小炒就出锅了。

在这里，你可以在阳光下肆意徜徉，感受自然给予这座小岛的眷顾，也可以细细品味他们话语中的平仄之音，用一种特殊方式来穿越历史，邂逅古老的故乡。

度假伊甸园

宿务岛

在宿务岛古韵风情与现代活力被结合得近乎完美，这里气候宜人，水清沙幼，被广大游客称为“度假伊甸园”。对于贪恋阳光、海滩、海洋的游客来说，这里这里的确是一块“世外桃源”。

所属国家：菲律宾
语　　种：英语
推荐去处：十字架教堂

宿务岛位于菲律宾南部，它是菲律宾7000多个岛屿中的“翘楚”，这里是菲律宾最早开发的城市之一，它也是菲律宾与国际衔接的第二大通道。宿务岛拥有数个菲律宾之最：西班牙人最早登陆的岛、最古老的城堡及最古老的街道。海滩、沙滩、阳光，诗情画意的宿务岛已经成为了最受游客欢迎的观光点。在宿务岛，旅游业发展得已经十分成熟，豪华酒店、餐饮、娱乐、购物等设施一应俱全。

宿务属于海洋性热带气候，全年四季如夏，只有干季、雨季之分，降水充沛。因此，对于潜水爱好者来说，宿务岛是他们梦中的天堂，完备的潜水设备、专业的潜水课程、刺激的水世界之旅，无一不令每个潜水爱好者流连忘返。

在宿务岛东方的马克丹岛上，有个著名的十字架教堂。教堂里有一个巨大的十字架，据称这是麦哲伦当年用来纪念第一批菲律宾天主教徒的诞生所竖立的。

在菲律宾，宿务岛是每个旅行者不可缺席的一站。

十字架教堂

1521年4月14日，Pedro Valderama神父在当地为第一批菲律宾天主教徒举行洗礼仪式。为纪念这场盛大的宗教仪式，麦哲伦在宿务竖立了十字架。

狂欢者的天堂

帕岸岛

你是否见过两万多个互不相识的人一起跳舞、喝酒、嬉戏，在月色笼罩下的白色沙滩纵情狂欢？你是否见识过触须可长达两三米的巨型水母？来帕岸岛吧，在这里，狂欢个三天三夜，肆意发泄你从都市里满载而来的烦恼。

[帕岸岛海滩]

多数来帕岸岛的游客到达码头小镇后有两个选择，要么往东走到哈林海滩去，享受安静的阳光海滩；要么沿着大路往西走，享受气氛热烈的满月派对。

帕岸岛位于泰国东南方暹逻湾之中，与苏梅岛仅有半小时船程。这里的哈林沙滩与印度果阿及西班牙伊维萨合称“世界三大电子音乐沙滩派对圣地”。

如果你不羁、豁达、热爱狂欢，如果你渴望发泄，如果你愿意把假期用于享受沙滩派对，那么，帕岸岛绝对是理想去处。这里以哈林海滩的满月派对而出名，是派对狂热爱好者和背包客的聚集地。在旺季，你可以同时看到两万多人跳舞、喝酒、嬉闹，在月色笼罩下的白色沙滩纵情狂欢。当然，如果你的时间不允许，你也可以参加周末的半月形和黑月派对，来感受这份独属于帕岸岛的狂野。

狂欢一晚后，可以选择一家酒店沉沉地睡去，然后在早晨起床后，让泰国的按摩师在棕榈树下帮你醒酒。退去浓浓的酒精味后，早上的哈林海滩又是另外一副模样，作为帕岸岛上最迷人最著名的海滩，这片延伸 2 千米的白色沙滩拥有最美丽的风景和最迷人的沙滩，它的恬淡和安静，让你不敢相信它曾与两万人一起狂欢。

所属国家：泰国
语　　种：泰语
推荐去处：哈林海滩

夏日里的么么茶

热浪岛

如果厌倦了烦琐的都市生活，那就去热浪岛吧。在这里，能尽情享受纯粹的自由与宁静。

所属国家：马来西亚
语　　种：马来西亚语
推荐去处：热浪岛海洋生态公园
　　　　　么么茶屋
　　　　　浪中岛
　　　　　…

[热浪岛海滩]

热浪岛是东海岸最美丽的岛屿之一，也是整个马来西亚最具有热带风情的地方。在这里，生长着500余种色彩明目的珊瑚礁以及3000种鱼类品种。这里还拥有翡翠色的海水，行走在热浪岛，你能体会到穿梭在梦境与现实之间的虚幻感。

你可以漫步在绵长的沙滩，看着海龟水中游，数着浪花一朵朵，更可以潜入水中与热带鱼嬉戏，或是在热带雨林中寻找不为人知的美丽。热浪岛的美，也曾经吸引了不少剧组过来取景，这里是《夏日么么茶》的拍摄地，你可以在么么茶屋感受郑秀文和任贤齐的甜蜜与暧昧，当然，如果有一个足够长的假期，你还可以在热浪岛附近的小岛一一探访，体验一下岛上近乎与世隔绝的生活，相信一定会满足你的探险欲。

热浪岛不仅是一座迷人的海岛，它还是一座有着古老文化的伊斯兰城市。在这里，随处可见带着头巾的穆斯林，他们依旧保持着古老的风俗习惯，因此，这里的文化也深受穆斯林的影响。

[热带雨林]

热浪岛位于马来西亚丁加奴州海岸外45千米处，被政府列为海洋公园保护区，禁止任何人在23海里水域内捕鱼及取走海底珊瑚、贝类等生物，但潜水及海底摄影都是被鼓励的，也可以游泳、滑翔、追风逐浪，或在岛上的热带雨林中寻幽探秘。

熟悉的地方也有风景

海南岛

人们总说，熟悉的地方没有风景。但有时候，旅行不一定要跋山涉水，只要你乐于观察，善于体会，你会发现，那熟悉的地方也有风景。

所属国家：中国

推荐去处：天涯海角

三亚湾

…

海南岛中国南海上的一颗璀璨明珠，它是仅次于台湾岛的中国第二大岛。早在唐宋时期，就有许多的文人将一腔的“诗兴”赋予海南岛，有人说“碧海连天远，琼崖尽是春”。也有人说“北国青苗破嫩芽，三亚椰林舞风芭”。连著名词人苏轼也在诗中感慨“海南万里真吾乡 ”，虽然海南当时作为贬谪之地而存在，但诗人却用他们独特的情怀把这个穷乡僻壤渲染出了一种独特的美。

海南岛以它迷人的热带风光，心旷神怡的自然环境，奇特绚丽的海洋资源，质朴淳厚的民族风情傲然于世。那里有风光旖旎的热带岛屿，辽阔广袤的天空，澄清透明的海域，平坦柔软的沙滩，树影婆娑的椰林。海南岛的美，是一种内秀的美，它没有东南亚海岛的热烈，也没有美洲海岛的张扬，日落时分，红霞满天，细细地听渔民们铿锵有力的节奏声，那熟悉的“一、二”的古老号子，终会让你想起熟悉的故乡。

岛上终年气候宜人，四季鸟语花香，你可以躺在沙滩上享受阳光的抚慰。除了碧海蓝天的浪漫，这里还有热带雨林

天涯海角，原名下马岭，南向三亚湾，海滩之上，奇石累累，或成群矗立，或孤石突兀，散布在数千米之长的海滩上。其中有一浑圆巨石上，刻着“天涯”两字，在其旁一块卧石之上，又镌有“海角”两字，构成天涯海角旅游区的主体。二石之左，拔地而起一石柱，大有擎天之势，上刻“南天一柱”四个大字。

[天涯岩]

[南天一柱岩]

[万泉河]

万泉河入海口集三河（万泉河、龙滚河、九曲江）、三岛（东屿岛、沙坡岛、鸳鸯岛）、两港（博港、潭门港）、一石（砥柱中流的圣公石）等风景精华于一地，既有海水、沙滩、红礁、林带，又有明媚阳光、新鲜空气、清柔流泉。三江交错，三岛相望，三岭呼应，世界地貌生态景观绝无仅有。保护得近乎完美的入海口自然生态，被外国专家誉为世界河流入海口自然环境保存最完美的处女地。前国家主席江泽民亲临琼海博鳌，并为博鳌亚洲论坛赋诗：万泉气象新，水阔晚风纯。四海群贤聚，博鳌更喜人。

[三亚湾]

三亚湾度假区东起三亚港，10 千米长的滨海大道依湾绵延，椰树成林西行延伸至天涯湾。人道十里银滩美，可比起这 10 千米椰林画廊，就小巫见大巫了！放眼望去，东、西玳瑁洲（玳瑁岛）（俗称东岛、西岛）两座小岛浮于海中，相邻而望，东岛驻军戒备森严，西岛渔家出入自由，相邻的小岛承担的却是不同的使命。

的惊喜，海南岛所孕育的热带雨林和红树林为中国少有的森林类型，因此，也成为许多科学家的必来之地。

岛上的著名城市三亚是最适合人类居住的城市之一，它不仅是集阳光、海水、沙滩、气候、森林、动物、温泉、岩洞、风情、田园十大旅游资源于一体的生态示范城，更具有全国独一无二的空气质量和环境质量。这里空气清新、透明、纯净、无污染，达到世界一流水平；它以“天然氧吧”的傲然身姿，牵系着人们越来越难以转移的视线。它还是一个闪烁着翡翠般光泽的绿色城市，三面环海，长达 209.1 千米的海岸线，使三亚终年有清洁润泽的海风吹拂。除此之外，充裕的阳光，也是三亚得天独厚的一种自然资源。三亚年平均气温 24.5℃，年平均日照时间超过 2400 小时，每天平均日照时间 6.6 小时，位居全国前列。

另外，三亚还是最惬意的消暑避寒胜地，在三亚，即使是夏天最炎热的天气，最高气温也不超过 35℃。这是因为三亚三面环海，潮湿的海风冲淡了阳光的灼热。这种海洋性气候对气温的调节作用，是任何人力无法相比的。

三亚拥有中国最好的海湾，海洋沙滩构成一幅胜似“夏威夷”的画卷。海岸线上分布着大东海、三亚湾、亚龙湾、海棠湾、崖州湾等 10 多个海湾。大东海、三亚湾、亚龙湾作为知名度假胜地早已闻名遐迩，这里是仅存不多的有珊瑚和热带观赏鱼群的海洋生态景观的海域。

海南岛迷人的海水、雪白的沙滩、明媚的阳光、旖旎的海底世界及富有传奇色彩的少数民族风情使人流连忘返。

[龟岛]

龟岛是泰国东南面的小岛，因为盛产玳瑁海龟和绿海龟，所以此岛又被称为是“龟岛”，此地的珊瑚礁和丰富的海洋生物，提供极佳的潜水环境，是泰国最有名的潜水胜地。

最合适的旅行地

龟岛

慢节奏是这里的主旋律，日出日落，随着光影不断变化，龟岛被打扮得格外惊艳。在这里，时间似乎停住了脚步，每个人都在这里过上宁静平和、与世无争的生活。

独行侠一定知道，很多出乎意料的美丽景色都因为交通不便而不被人所了解。龟岛作为印度洋安达曼海上的浪漫之乡，相比于声名显赫的芭堤雅、布吉岛、苏梅岛、甲米等地，龟岛就属于“养在深闺人未识”的一处美丽景色。

所属国家：泰国
语　　种：泰语
推荐去处：塞丽沙滩
　　　　　南园岛

龟岛是离泰国首府曼谷最近的岛屿，这个岛屿名字的由来，是因为这片海域盛产玳瑁海龟和绿海龟。但是由于气候变暖和潜水业的迅猛发展，这一带玳瑁海龟和绿海龟的生活环境受到了严重影响。除此之外，龟岛又称涛岛，极好的海水能见度、繁茂的珊瑚群和多样的海洋生物，为龟岛提供极佳的潜水环境，使这里成为泰国闻名遐迩的潜水和浮潜胜地。

它是泰国乃至东南亚潜水教学的大本营，在这里，

[玳瑁]

过去此处盛产玳瑁海龟和绿海龟，所以得名。但是由于全球的气候原因以及旅游业尤其是潜水业的迅速发展，严重影响了这一带海洋生物的生活。2010 年，泰国在王后诗丽吉 78 岁寿辰之前放生了 700 多只玳瑁和绿海龟。以前每年 7 ~ 9 月海龟在沙滩上掘坑产卵，由于开发旅游和捕杀，现在已经找不到它们的踪迹了。

[玳瑁制品]

有超过 20 家潜水公司可以选择。在过去，无论是希望以低廉的价格得到一张潜水资格证明，还是新时代水疗的热衷者，抑或只是喜欢晒太阳，都能从龟岛找到一些自己想要的东西。

宽阔美丽的海滩、洁白无瑕的沙粒、碧绿翡翠的海水是龟岛最令人赞颂的景致，这里沿岸多海湾，乘船环岛观光游是最好的放松方式。山丘绵延的龟岛栖息于一片，形似一只正在晒日光浴的海龟。海中丰富的海洋景观，不论是潜水或漂浮在海面上，甚至一早起床到海边丢面包喂鱼都是一种享受。有人说，龟岛是一个适合放逐自己的好地方。因为它远离人群，常常能够享受到数百公尺沙滩只有一人独自拥有的奢侈。

龟岛西面的塞丽沙滩是龟岛游客最密集的海滩，这里的阳光和沙滩有着东南亚地区独有的风景，躺在岩石上任凭海风不停地“骚扰”着肌肤，睡觉睡到自然醒，是每个来到龟岛的人必做的事。塞丽沙滩正面对的三岩石是龟岛的标志，这里也是学习休闲潜水的好地方，坐落于海滩的世昌通度假村是当地唯一的度假村，相信那木质的、配有阳台的房间和度假村中的泰式美食一定会让你大饱眼福。

[南园岛]

南园岛是泰国人的私家岛屿。上岛条件苛刻得很，如果不打算入住，每人需交 100 泰铢的上岛费，任何人都不允许携带塑料制品或罐头上岛，以杜绝污染。更苛刻的是，如果岛上条件不允许，他们有权拒绝你上岛，即使你已经来到门前。

不远处的南园岛是龟岛的一个离岛，与塞丽沙滩的热闹大相径庭的是这里很安静，安静得像世外桃源一般，因此，这里也非常适合度蜜月的新人在这里呢喃私语。可以选择在一个黄昏天，一边欣赏广阔的海的尽头的绚烂的落日，一边享受浪漫晚餐。

龟岛的美，低调而不张扬，它只是静静地等在那里，等待你去发现。

世界七大美丽海岛

长滩岛

细柔的沙滩、碧蓝的海水、和煦的阳光……这里拥有人们对热带岛屿的一切期许，来到这里，你会被那一片长达四千米的银色沙滩所惊艳，这就是世界上专属长滩岛的那一片美丽。

长滩岛位于菲律宾中部，整座岛为狭长形，曾被誉为世界七大美丽岛屿。从1970年开发后，长滩岛一直都是东南亚最具吸引力的度假胜地之一。每到旺季，渴望阳光碧海的游客从全球各地不辞辛劳地赶来，一睹“银色沙滩”的美丽，享受一个充满惊奇与欢乐的休闲假期。

所属国家：菲律宾
语　　种：菲律宾语
推荐去处：白沙滩
布拉波海滩
…

长滩岛之美丽，如它的名字，整座岛不过7千米长，却有一片长达4千米的白色沙滩，被誉为“世界上最细的沙滩”。白沙滩位于长滩岛西岸的中部，南北延伸，曲折蜿蜒。白沙滩是在珊瑚死亡后，由于海水或自然风化等自然力量或人为因素的原因，大片珊瑚被磨碎，和细沙融为一体，因此，沙滩呈现出一片白色。在这里，洁白、细腻的沙滩不会给人一种耀眼的刺痛感，反而是非常的和煦温柔，除此之外，沙子的温度上升得十分缓

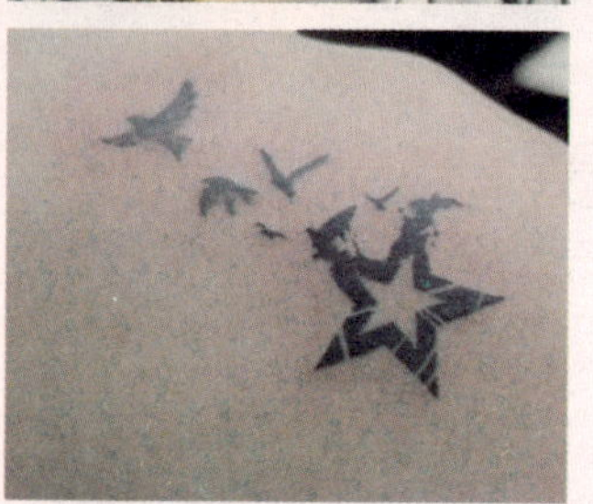

[长滩岛必玩项目：编辫子、纹身]

到长滩岛会发现很多人都编着超级复杂的辫子，还有漂亮的刺青，这是长滩岛特色之一。所以到了以后先换个造型也不错。刺青是画上去的，一两周就会消失。

[星期五海滩]

星期五海滩是长滩岛沙质最细、最柔、最白、最美沙滩地段，当地人称为“粉末沙”（Powder Sand），当其细白沙藏在透明清澈海水里，形成牛乳状粉细，游泳戏水岸边，就像漫步于牛乳湖的享受。

慢，即使是在阳光曝晒的中午，白沙滩的沙子的温度也不会骤升，反而有丝丝的清凉，将赤裸的双脚埋在柔软的沙子里，无比的惬意、清凉。

相对于名声在外的白海滩，它的另一处海滩——布拉波海滩则显得十分安静，但这里也吸引了许多冲浪者和艺术家的到来，得天独厚的地理位置使它非常适合冲浪，而在布拉波海滩最南端的名为死树林的鱼塘，干枯的扭曲的树枝、树干千姿百态地伸出水面，死寂，昏暗，沉寂代替了生气，令很多人望而却步，但是，它却吸引了一批有独特艺术视角的摄影师、探险者和艺术家们的前往。

长滩岛的海水清澈而又透明，在阳光照射之下有如液体宝石。这里最为神奇之处恐怕还在于它的狭长。它像一条骨头，两头大中间窄，最窄处只有一千米左右。也正因为如此，随着风向的不同，小岛两边经常出现截然相反的景象。在岛西，海面温和有如处子，多数游人都在无风的这一边游玩休憩，而岛东，却白浪推涌，踏浪的人们踩着舢板，拖着巨大的海风筝在浪涛中搏击。

在这里，度假村和酒吧星罗棋布，来自世界各地的游人选择在海滩边消磨一个又一个漫漫长日。岛的北部和南部那些海拔不过百米的小山，蜿蜒小路穿过雨林，连接起座座村庄，是轻松而不失趣味的徒步路线。

长滩岛改变了人们的观念，它让人安下心来，在纤尘不染的小岛上过上几天与世隔绝的日子。

[圣母礁石]

岩礁矗立在海中，当地的居民在上面供奉了一尊圣母像，所以取名圣母岩礁。

永远不眠的梦幻之都

芭堤雅

在芭堤雅，有一句这样的宣传口号：“芭堤雅永远不眠，对你而言，它是最好的旅游胜地。”作为“梦幻之都的芭堤雅”，每年吸引了无数的游客来北寻梦。芭堤雅的夜生活非常发达，甚至让这个海岛的自然胜景都黯然失色，甚至于有人说：“这里除了梦幻就一无所有。”

[芭堤雅海滩]

芭堤雅是一个小渔村，由于越战期间美国大兵为了寻欢作乐，在此修建起了度假中心，才成就了今天的芭堤雅。小城很小，一共就三条平行的大道，其中的海滨大道是沿海而建的，是最早建成也是芭堤雅最漂亮的大道。

所属国家：泰国
语　　种：泰语
推荐去处：海滩
珊瑚岛
金沙岛
…

芭堤雅，距离泰国曼谷约有 150 千米，从曼谷出发，沿苏库威高速公路行驶两小时便可到达芭堤雅。近年来，芭堤雅具有极高的旅游热度，这里有着东南亚经典的海水、沙滩，被旅行者称为“东方夏威夷”，这里有令人神往的海滨浴场，那长达 40 千米的海滩坡度十分平缓，沙白如银，甚至能折射出耀眼的光彩，这里的海水清净透白，在灿烂的阳光显得熠熠生辉，海滩附近到处是热带树木和椰林，表现出了浓郁的东方热带风光。你还可以乘透明船底的摩托艇进入深海，欣赏海底色彩缤纷的珊瑚和各种热带鱼。

离芭堤雅海岸约 10 千米有个美丽的小岛——珊瑚岛，从海滩乘大型游艇就可以到达，此岛呈半月形，海

[芭堤雅夜景]

泰国芭堤雅真人气功成人秀表演是泰国著名成人表演之一，美丽的芭堤雅姑娘为大家表演各种柔体、色情、暴露的气功表演，而且全部真人上阵，绝对会让您对这么美丽的芭堤雅姑娘捏一把冷汗。

水十分洁净，月牙般的沙滩拥抱着蔚蓝透彻的海水，沙滩沙粒洁白松软，特别清洁美丽，海域水质洁净，可透视水深达数米之下的海底生物世界。沙滩上排满了沙滩椅和色彩艳丽的太阳伞，给人一种舒适宁静的享受。

除了珊瑚岛，金沙岛也是芭堤雅著名的景点之一，在这里，你可以自由自在地欣赏芭堤雅的美景，品味最原汁原味的泰国风光。金沙岛的沙滩是一个潜水胜地，你既可以在碧蓝的天空下，清澈见底的海底中游泳，还可以享受各种各样的娱乐活动，例如水上摩托车以及沙滩排球。当然，在沙滩上来一场日光浴也是一件让人十分惬意的事。

除了美丽的自然风光，它还有令人“难以启齿”的温柔，许多人把芭堤雅叫做“性欲迪斯尼乐园”，每年有几百万旅游者聚集于此，享受他们的“奇妙的夜生活”。

越战期间，喜好声色的美国士兵把大把的美元带到了这里，他们最早在这块土地上进行性交易活动，越战结束之后，泰国当地发展旅游业，芭堤雅的色情业便被当成了政府税收来源之一。

[七珍佛山]

七珍佛山是为了庆祝泰皇登基 50 周年纪念，特别用镭射雕刻一座释迦牟尼佛的神像，此为芭堤雅最大的释迦牟尼佛雕像，共用 18 吨重的 24K 金雕塑而成，此山中亦挖掘出许多的古佛像。

最低调的海岛

苏梅岛

你是否想要找一片雅致的风景，找一张柔软舒服的吊床，安静地躺下来，全身心地投入椰林树影、水清沙白的热带风光，抛弃在喧嚣都市中遗留下来各种烦恼。其实，这样的地方并不难找，不过它不是普吉岛，也不是芭堤雅，而是“宁愿拒绝好莱坞电影选景的荣耀，也要保持它与世隔绝般纯净自然”的苏梅岛。二十年前，这里还是一片与世隔绝的荒地，如今，它已经征服了无数游客的心。由于开发时间不长，岛上至今还保持着浓浓的原始风味。这种自然淳朴，每年都会吸引数百万的游客。

所属国家：泰国
语　　种：泰语
推荐去处：查汶海滩
　　　　　拉迈海滩
　　　　　…

苏梅岛是泰国第三大岛，面积 247 平方千米，距大陆约 80 千米，周围有 80 个大小岛屿，苏梅岛与这些岛屿共同组成安通海洋国家公园，岛的中部由几乎无人居住的高山树林所覆盖，最高点海拔 635 米。

20 年前，苏梅岛基本上还是一片与世隔绝的世外桃源，与旅游业发展十分成熟的普吉岛相比，苏梅岛的很多配套设施都算不上一流，但那份从细节中体现出的自然与从容，轻而易举地就打动了每一个游客的心。

从此，来自各个国家的游客纷至沓来，把苏梅岛当作了泰国旅游的新地标。

一片“及格”的海滩，不只要美得干净，还要美得安静。苏梅岛上海滩众多，处处如玉屑银末般精致迷人，查汶海滩是苏梅岛开发最完善的地方，它全长 6 千米，银白色的沙子与湛蓝的海水交相辉映，将这个月牙形的海滩衬托得十分优美，这里也是苏梅岛上酒店和娱乐设施最为完备的地方，你可以在苏梅岛上与喜欢的人一起晒日光浴、划独木舟，享受海天一色的美妙景观。海滩

[苏梅岛景点分布]

苏梅岛沙滩众多，美食、品酒、狂欢、潜水……应有尽有！这么多的景点，总有一处适合你！

上柔软的白色砂砾和蔚蓝色的海洋相映相衬，水上摩托车呼啸于海上，乘载了许多游客的欢声笑语，让人心旷神怡。除了查汶海滩外，拉迈海滩也是最受游客喜爱的海滩之一，这里海岸线并不长，但透明的海水和新鲜的椰子香蕉林点缀在海滩上，让人有一种怡然自得的感觉。想要深入体会海边度假的感觉吗？脱掉你的鞋子，学会心无旁骛地在沙滩散步吧。

苏梅岛的标志物，莫过于无处不在的椰子树，这个面积不过250平方千米的小岛，椰林十分茂密。甚至在开发旅游产业之前，苏梅岛的居民都是靠着种植椰子为生，直到今天，岛上的椰子种植业也还是苏梅岛的支柱性产业。坐在查汶海滩边，喝着当地特产的椰子汁，感受拂面而来的海风，这应该就是在苏梅岛上的游人们应有的节奏。

苏梅岛保留了更多自然淳朴的气息，给人感觉依然保存着一份独立于都市之外的原始风味。

个人偏好	苏梅岛可选去处
如果喜欢美食 + 夜生活	Chaweng 沙滩肯定是你的不二选择！
如果喜欢红灯区	Lamai 沙滩有许多您想要的东西！
如果只想安静地发呆	应该去安静人少的 Bophut 沙滩和 Bangrak 沙滩！
如果喜欢混欧美圈	那么 Mea Nam 沙滩这个欧洲游客聚集地你一定喜欢！
如果想拍到绝美的落日	非苏梅岛西南岸的 Taling Nagm 沙滩莫属！
如果想随时随地浮潜	那么一定不能错过涛岛住上几晚！
如果想在世外桃源休息	世界最美的人字沙滩南苑岛一定是你的最佳选择！
如果想要疯狂的海滩派对	以满月派对闻名全球的帕岸岛绝对能让你耳目一新！

[双鱼岛鸟瞰]

恋人的天堂

双鱼岛

宁静、优雅、甜蜜的双鱼岛是所有恋人的天堂，你们可以看着成群结对的鱼儿诉说彼此的依恋，或者漫步在细软洁白的沙滩上，手挽手走向沙滩尽头，看着大海与天空融为一体，这一刻，你们的爱情便成为了永恒。这里就是你梦想中的度假之地，这里就是马尔代夫最安静、私密的双鱼岛。

所属国家：马来西亚
语　　种：马来西亚语
　　　　　英语
推荐去处：水上屋
…

去马尔代夫旅行，最让人伤脑筋的就是选岛。作为一个岛国，马尔代夫共有 1192 个岛屿，其中有 87 个岛被开发成了旅游观光胜地。所以，选对合适自己的海岛无疑是旅行的重中之重。

马尔代夫属热带海洋性气候，四季温暖，湿度较大，基本上全年皆适合观光旅游。双鱼岛是马尔代夫为数不多的六星级岛屿。它位于马累南环礁，距离马累机场 20 千米，乘快艇约需 35 分钟。双鱼岛曾在 2001 年、2002 年及 2006 年获得了“最佳海滨奖”。到了双鱼岛的码头，沙地一侧沿岸全是密密麻麻的小鱼，周边甚至还有小鲨鱼出没。在码头另一侧，是延伸成峭壁的礁岩，每块礁

[双鱼岛水上层]

随着旅游业的发展，岛上的原始居民已经离开了“水上屋”，搬进了充满现代化的高楼大厦，而这些风情浓郁的“水上屋”就成为了一项独特的旅游景点。

[蝶鱼]

双鱼岛位于马累环礁南部，距离机场岛 34 千米，从马累国际机场乘坐高速艇到奥威丽海滩饭店仅需 45 分钟，白天夜晚都可以航行。

岩周围都有蝶鱼、雀鲷等珊瑚礁鱼类出没，码头正下方还有成群的底栖性鱼类，沿着峭壁的边界，洄游性的动物不时出没，十分壮观。如果只是去赏鱼，那双鱼岛的码头就足以让人过足眼瘾。沿着狭长的木栈道往前走，可以到达长达 2 千米的洁白沙滩，在这里，可以行走，也可以奔跑，这些都会让人的旅行舒畅无比。双鱼岛水清且静，十分适合潜水，不少游客就冲着潜水而来。

水上屋是双鱼岛之行的必去项目，它是浪漫酒店的极致。作为马尔代夫海边的特色建筑，“水上屋”最初只是岛上居民的住所。在这里，每间屋子都是独立而成的，斜顶木屋的样式，原生态的草屋顶，依靠钢筋或圆木柱固定在海面上。

屋子距离海岸大约 10 米，凭借一座座木桥连接到岸边。有的“水上屋”更是浪漫，没有木桥连接，而是靠划船摆渡过去。这里完全就是一座座世外桃源，漂亮而风格多元化的水上小屋散布开来形成两个圆环状，在这里既可享受星空下泡澡的惬意，也可享受慵懒午后的日光浴。

也许只是看了那句“蓝天白云、水清沙幼、椰林树影”而心动，也许只是听说的“人生必去的十大旅游之地”，但当你看到双鱼岛，你才会明白，这一切都不虚此行。

[双鱼岛鸟瞰]

岛的四周全是细沙，光着脚走完全不用担心被刺到；海水清澈透底，浮潜虽然一般，但很安全，很适合不会游泳或水性不好的朋友。

时尚与古朴的完美结合

台湾岛

台湾岛很小，台湾岛也很大，台湾岛很时尚，台湾岛也很古朴。就像一千个人眼中有一千个哈姆雷特一般，一千个人心中也有一千个台湾岛。在当地人眼里，这里是最原始的、充满着海水咸湿味道的故乡，在外来人眼里，这里是深具国际化的，在21世纪冉冉升起的新兴城市。

[日月潭：山中有水水中山，山自凌空水自闲]

台湾位于中国大陆东南沿海的大陆架上，东临太平洋，西隔台湾海峡与福建省相望，总面积约3.6万平方千米，包括台湾岛及兰屿、绿岛、钓鱼岛等21个附属岛屿和澎湖列岛64个岛屿。大部分地区为山地与丘陵，平原主要集中于西部沿海，地形海拔变化大。由于地处热带及亚热带气候之交界，自然景观与生态资源丰富多元。

所属国家：中国
推荐去处：日月潭
阿里山
…

日月潭是台湾的“天池”，湖周35千米，水域9平方千米多，为全省最大的天然湖泊，也是我国少数著名的高山湖泊之一。其地环湖皆山，湖水澄碧，湖中有天然小岛浮现，圆若明珠，形成“青山拥碧水，明潭抱绿珠”的美丽景观。清人曾作霖说它是“山中有水水中山，

[日月潭]

日月潭由玉山和阿里山漳的断裂盆地积水而成。环潭周长 35 千米，平均水深 30 米，水域面积达 900 多公顷，比杭州西湖大三分之一左右。

山自凌空水自闲”；陈书游湖，也说是“但觉水环山以外，居然山在水之中”。300 年来，日月潭就凭着这“万山丛中，突现明潭”的奇景而成为宝岛诸胜之冠，驰名于五洲四海。

在台湾岛，没有什么是必要的，一杯茶、一本书，就足以让你品味到这里最为精致的生活，台湾很小，台湾也很大，从城市到乡村，高山到大海，峡谷到湖潭，每个地方都散发着不同的风情，值得细细品味。享受台北，品味台南，领略高雄，漫步垦丁。一杯咖啡一本书，在多雨多雾多梦想的空中之城九份，慵懒一个悠闲的下午；饶富趣味的巷弄美食和地道小吃挑逗着味蕾，身为一个吃货在这里是如此的幸福；在诚品，发呆惬意两相宜，和书籍一起贩售的，还有生活方式；故宫博物院，收藏着五千年的中国历史，看不尽的艺术国宝；重峦叠嶂、变化莫测的日月潭、引人入胜呈现森林之绝美的阿里山、一不小心就邂逅浪漫的爱河、晚风轻拂的澎湖湾，白浪逐沙滩……这不是风光片里的台湾，而是你眼前真实的迷人景致。这个小时候课本中的芭蕉扇，是 400 年前被葡萄牙航海家赞呼“福尔摩沙”的美丽之岛。面积不大，却浓缩了令人赞叹的生态资源和那样鲜明的精神和文化，台湾岛上的风光，“山高、林密、瀑多、岸奇”，

[光华岛]

日月潭中有一小岛，远望好像浮在水面上的一颗珠子，名“珠子屿”。抗战胜利后，为庆祝台湾光复，把它改名为“光华岛”。岛的东北面湖水形圆如日，称日潭，西南面湖水形觚如月，称月潭，统称日月潭。

[阿里山森林]

[阿里山云海]

阿里山的日出、云海、晚霞、森林与高山铁路，合称阿里山五奇：阿里山铁路有 70 多年历史，是世界上仅存的三条高山铁路之一，途经热、暖、温、寒四带，景致迥异，搭乘火车如置身自然博物馆。尤其三次螺旋环绕及第一分道的 Z 字形爬升，更是难忘的经验；祝山是观赏日出的最佳地点，要到祝山可坐火车或从电信局旁的石板路循阶而去，穿过森林大约 40 分钟即可到达。

不仅是视觉的冲击，更是直抵内心的触动。在人文风貌上，宝岛兼容了各省移民、客家及原住民等不同族群，在饮食、服饰、建筑、语言及生活方式等各方面展现着迥异的气质。

[阿里山铁路]

台湾的历史至少可上溯至 7000 年前。7000 年前起到大约 400 年前，南岛语系原住民的祖先先后漂流到台湾来，成为目前所知台湾最早的居民。16 世纪的大航海时代，西洋人航行到远东地区进行殖民、贸易活动，台湾由于位于东亚陆域与海域交点，同时也是东北亚海域与东南亚海域交会之处，遂成为当时在东亚海域活动的东、西方各势力的交集点。

[阿里山日出]

[阿里山日落]

受诅咒的海岛

兰卡威岛

这是一个充满传奇色彩的海岛，它有让人心旷神怡的迷人海滩，有历史悠久的地质公园，当然，在这里，最为神奇之处还是民间流传的种种传说，那个名叫 Mahsuri 的美丽女子给这里留下的诅咒，让这个小岛愈显神秘。

所属国家：马来西亚
语　　种：马来西亚语
　　　　　华语、英语
推荐去处：珍南海滩
　　　　　…

马来西亚的著名海岛不少，热浪岛、沙巴岛早已名声在外，但"兰卡威"这个位于马来西亚西北部的海岛让许多人感到陌生。其实，兰卡威岛早已经成为了马来西亚当地人最推崇的度假胜地之一，2007 年，联合国教科文组织将兰卡威岛评选为世界地质公园，并这样描述兰卡威岛："一个拥有许多科学意义的地方，不只是地理原因，还有它的人类、生态、文化价值。"

"兰卡威"一词是由古代马来语中强壮和鹰的单词合成的。在马来西亚古典文学典籍中，这座岛是毗湿奴的坐骑——神鸟揭路荼的途经地。兰卡威岛由 99 个群岛组成，靠近泰国边境，它四周被海水环抱，岛内多山，路大都是绕着山修建的。在兰卡威岛，有两个广受旅行者好评的热点地区，一个以兰卡威机场为中心，辐射的地区主要有珍南海滩、东方村缆车、七仙井等，二是瓜镇，瓜镇是兰卡威岛的商业中心，位于岛屿的西南侧，这里有巨鹰广场、兰卡威购物中心等。

素有"最美珍珠海滩"之称的珍南海滩，是最受游客欢迎的海滩之一。这里洁白柔软的沙滩，让人有一种仿佛踩在棉花上的绵软触感。在海底生活着各式各样的海洋生物，五颜六色的热带鱼类在水下自由地穿梭、缤

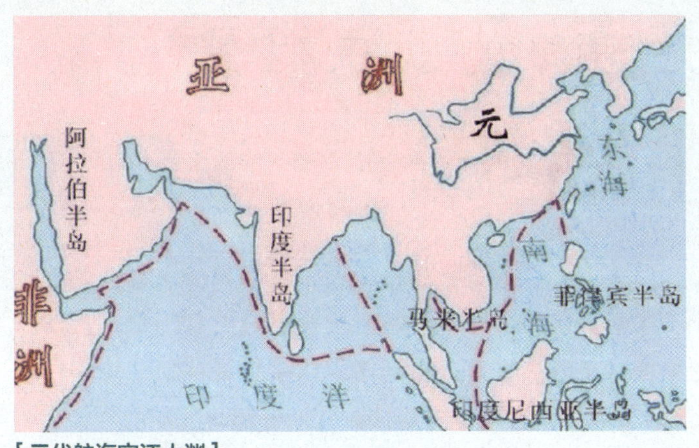

[元代航海家汪大渊]

元代航海家汪大渊曾访问龙牙菩提。龙牙菩提来自 Langapuri，乃兰卡威岛浮罗交怡的古名。汪大渊在所著《岛夷志略》中有专章《龙牙菩提》：当时龙牙菩提没有稻田，只种薯芋，收成后堆存屋内，作为储粮。此外还种植果类，采集蚌、蛤、鱼、虾补充薯芋食用。产品包括速香、槟榔、椰子等。

纷多姿的珊瑚群在水底轻轻摇曳，让每个游客都忍不住赞叹这海洋美景。

当然，这些并不是兰卡威岛最让人惊喜的，在兰卡威岛的海滨上，有一个神秘的海洋世界展览馆，在这里，各种热带鱼类在水里自由游戏，煞是有趣，除此之外，在海下还修了一条15米长的隧道，你可以漫步于隧道之中，观赏神秘海底世界，与水下奇幻多姿的生物来个近距离接触。

巨鹰广场

巨鹰广场是兰卡威最具代表性的神奇建筑。

在这座岛屿上，流传着许多的故事，其中被诬陷公主的诅咒最具有神秘色彩。传说在1819年，当时一个名叫 Mahsuri 的公主因为涉嫌通奸而被处死于此，而事实上她却是因为拒绝首领的求爱而被处死。临死之前，她曾留下诅咒：“兰卡威岛的子子孙孙七代人都将不得安宁。”

在岛上，居民大多为马来人，这里有不少人至今仍居住在传统的高脚屋和铁皮平房里，过着淳朴宁静的渔村生活。而正是这种纯净与平凡，才让来自都市的人们更加爱上这片宁静的海岛。

享受无国界的欢乐时光

芽庄岛

或许对于许多人而言，“贫穷”和“落后”是他们对越南的固有印象，而越南新娘和摩托车也成为越南的象征。在他们看来，去越南，从来都是计划之外的事。但也许恰恰这个被你无心过滤的目的地，会成为你愉快旅行的开始。

所属国家：越南
语　　种：越南语、英语
推荐去处：婆那加占婆塔
…

芽庄市位于越南南部海岸线最东端的地方，是越南众多滨海城市当中一个较为僻静的海边小城市，与海上七大奇观的下龙湾相比较，芽庄的恬静内敛渐渐受到更多外国游客的关注。

芽庄的越南语为“Nha Trang”，意思是“竹林河流”。虽然芽庄是个港湾，还处于越南南部，但这里气候却非常宜人，1 月的平均温度为 24℃，盛夏 8 月的平均温度也超不过 28℃，即使在盛夏七月，在这片热带地区，也能感受到阵阵凉爽的海风，芽庄的海风与和别处有些许不同，这里的海风含有丰富的溴和碘，能促进肌体的血

[婆那加占婆塔]

占婆塔是个土黄色的吴哥窟建筑，听闻里面供奉着天依女神，是最完整的占婆古国的建筑艺术，神秘而威严。

液循环。在海滩上建有凉亭，也有供人休息的旅馆和冷饮店。只需在海滩上就能品尝到刚从海里打捞上来的新鲜美味。

芽庄的海滨沙滩一望无际，柔滑的白沙清澈见底，海底千姿百态的珊瑚，色彩斑斓成群追随在潜水者身旁的鱼类，足以让海底探险者乐此不疲。芽庄是海滨旅游的理想胜地，在6千米长的沙滩上，可以安逸地躺在沙滩上享受日光浴，或者在海边椰子树下乘凉。

在椰树下眺望冉冉升起的太阳，沙滩色调变得流光溢彩；沙滩上的人，如潮水般从芽庄市区冒了出来。芽庄的人们比世界上其他海滩的居民更狂热地戏海逐浪，年老的穿着薄衣薄裤一步一步地迈入海中，中年人骑着自行车、驾着摩托车拖儿带女冲向海滨，将车子倚着椰树一靠“扑通扑通”地奔向浪里，青少年在平滑的沙滩上舒展他们独特的“芽庄霹雳舞”……此情此景的平民海滩大展示，吸引了不少慕名而至的游客的眼光。当地居民并不介意异国美眉穿着性感的比基尼走在道路的中间，游客也不介意在下海游泳前躺在沙滩上的躺椅把自己晒得一身的古铜色。海上的欢乐时光，包括精彩的船上乐队演出，除了有乐队表演之外，还有当地的歌手，邀请各国的朋友上台演唱自己国家的流行曲。

每天黎明时分，海滩的景色渐渐就会随着太阳的升起而渐觉明朗，这里的美丽，总是在日复一日地循环着，只要你善于发现，一切都是如此美好。

[龙山寺大佛]

[龙山寺]

寺庙安静肃穆，大佛让人震撼，有浓浓的中国风。主殿左边有轮回图，不过不止六道。说明各国解释还是不一样的。

[芽庄夜景]

菲律宾旅行的起点站

吕宋岛

对于菲律宾，造物主何其慷慨。号称“千岛之国”的菲律宾，拥有碧海银沙的美丽小岛成千上万，难以计数，除了长滩岛、薄荷岛、宿务岛等声名远播的热门度假地，更有许多不为人所熟知、却同样惊艳的海岛隐藏在蓝宝石一样的海中，吕宋岛就是其中之一。

所属国家：菲律宾
语　　种：英语
推荐去处：马荣火山

吕宋岛位于菲律宾群岛北部，盛产稻米、椰子，吕宋雪茄闻名于世，它曾被评为亚洲十大最佳岛屿。海风轻拂椰林，海浪拍打沙滩，这就是吕宋岛的日常。作为海岛，它虽然没有马尔代夫的光鲜亮丽，没有巴厘岛的浪漫情怀，但它在平淡中体现出的那一丝丝别致，让每一个到过吕宋岛的游客都难以忘怀，毫不夸张地说，吕宋岛是菲律宾旅游的全部精华。外国游客一般以此为起点，游览菲律宾。同时，它也是菲律宾面积最大、人口最多、经济最发达的岛屿。

吕宋岛是一个拥有西班牙风情的海滨城市，这里的海滩细腻的沙滩好似绵糖一般柔滑，在碧海云天的衬托下显得格外耀眼，当微风轻拂过来，成片的椰林轻轻摇动，与海面上的倒影互相映衬，甚是美丽。马尼拉湾是吕宋岛的一个天然海湾，它以晚霞闻名世界，每到傍晚，夕阳的余晖与海滨摇曳的椰树互相辉映，翡翠碧绿的海水在落日下渐染成、金黄色，遥远的天边散落着几朵嫣红的浮云令人心旷神怡。

吕宋芒

椰子

吃芒果，一定要选“吕宋芒”，这里的吕宋芒指的就是菲律宾吕宋岛的芒果，该岛不止有芒果和芒果制品，此处的椰汁等热带水果口味也非常不错，而且价格非常实惠。

吕宋岛也是冲浪爱好者

马荣火山

火山圆锥形的外表加上还在冒烟的火山口，任何人都知道它是一座活火山。近300年来，马荣火山平均10多年就爆发一次，最近一次在2009年。而最厉害一次是在18世纪，造成了上千人死亡。

的圣地，位于马尼拉的百胜滩瀑布落差超过100米，水量极其充沛，每年数以万计的冲浪爱好者来到这个小岛，乘着木筏穿过瀑布，感受瀑布那千军万马般的冲击力。

除了海滨风光，火山和鲸鲨也是吕宋岛的两大特色。位于吕宋岛的黎牙实比有菲律宾最美的火山——马荣火山，它是世界上轮廓最为完整的火山，因此人们也称它为“最完美的圆锥体”。马荣火山与吕宋岛的海洋形成了一半是海水一半是火焰的神奇景色。

吕宋岛的董索是世界鲸鲨之都，每年的3～5月是这里观看鲸鲨的最佳季节，在浅水区，鲸鲨慢慢巡航，或是漂浮在水面上晒太阳，性格温和，十分讨人喜爱。但到了深水区，鲸鲨能像飞行员一样在水中完成垂直俯冲和一系列令人惊叹的跳跃，甚是壮观。

清澈碧绿的海水、绵长平缓的沙滩、惊险刺激的冲浪以及完美无缺的火山构成了这个天堂般的海滨度假胜地。

破败的教堂

菲律宾天灾频繁，当地处处可见教堂，即使是破败的教堂，仍受供奉。

北染瀑布

塔尔湖

海上仙山

长岛

长岛，像海上仙山一般悠久却又偏僻。这里山中有水，水中有山，山水相映，称得上是“妙趣天然未夺真”，正是这种自然之美给人以亲近感。亿万年鬼斧神工自然造化，数十年改天换地的人工雕琢，赋予了这座海上仙山秀丽之容和金玉之质。

所属国家：中国

推荐去处：月牙湾

九丈崖

烽山

…

在辽东半岛与山东半岛之间的渤海海峡上，镶嵌着32颗苍翠如黛的“宝石”，这里就是被世人誉为“海上仙山”的长岛。这里被大海环绕，波浮浪托，碧水蓝天，阳光海滩，可谓是美得不可方物。与此同时，这里空气清新，山水相依，如诗如画，各岛有各岛之神奇。

长岛分为南、北长山岛，岛上共有有6处景点，分别是北岛的月牙湾、九丈崖。南岛的望夫礁、仙境源、烽山以及林海。

北长山岛是如今蓬莱的所在。茫茫沧海之上，淼淼烟波之中，北长山岛就像是镶嵌在碧波上的颗颗宝石。而南长山岛则是由各色鹅卵石堆砌而成，滔滔的洪波，将满岛的卵石冲洗得光滑如玉；最神奇的还是那海面，无论是潮涨潮落，东边的海面总比西边的海面高出一截，十分奇特。

谜一般的长岛，仙境一般的长岛，年年都引来了无数游人来此览胜。

[北岛的月牙湾]

南北长山岛面积不大，每个景点基本都是抬脚就到。而且景区面积也不算大，不管是老人还是孩子，都不会耗费太多的体力。

千岛之乡

舟山群岛

1300 多个小岛散落在广袤的海洋，它们一起构成了我国最为著名的舟山群岛。这里有佛教圣地普陀山，有因金庸小说而闻名的桃花岛，还有传说中的瀛洲仙岛五衢山，在这里，你能体会到一种面朝大海、春暖花开的美妙感觉。

舟山群岛位于我国东南沿海，历史十分悠久，在古代它被称为“海中洲”，是我国大陆海岸线的中心，素有“东海鱼仓”和“中国渔都”之美称，舟山群岛还是我国唯一以群岛著称的海上城市。在这里，1300 多个岛屿就像一粒粒璀璨的珍珠，散落在浩瀚无边的大海中。古文献曾记载，舟山群岛“形如舟楫，故名舟山”。在众多的岛屿之中，舟山岛面积最大，全市港湾众多，航道纵横，水深浪平，是我国屈指可数的天然深水良港。

所属国家：中国
推荐去处：朱家尖
普陀山
…

有野史称，古有七男七女，自瀛洲东渡，觅得一荒岛，落此繁衍生息，取名东瀛。而这里的瀛洲，就是舟山群岛，而此处的东瀛，就是如今的日本，因此，也有人说，日本人的祖先就是瀛洲的土著民。

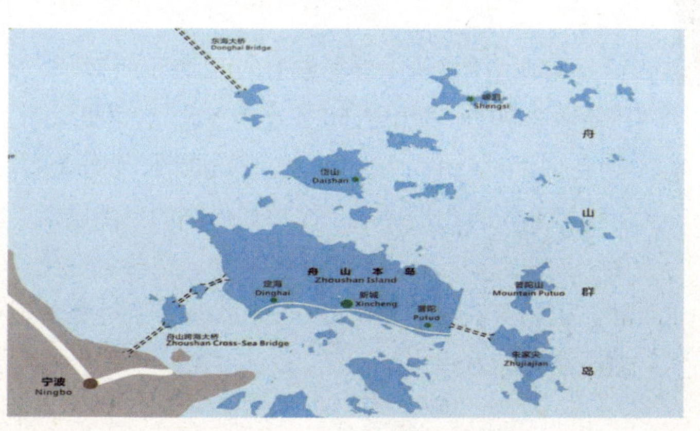

舟山群岛分布

5000 多年前就有人类在舟山群岛繁衍生息。唐代开始建县，至今已有 1200 多年的历史。

1840 年 7 月 5 日，英国舰队炮轰中国舟山群岛上的定海县城，第一次鸦片战争爆发。1950 年设舟山专区，1987 年 1 月设舟山市。

朱家尖—大青山

朱家尖—十里金沙

朱家尖—南沙公园

朱家尖岛风光秀丽迷人。岛上金沙连绵，碧浪荡漾，奇石峻拔，洞礁错置，海光迷幻，森林广布，潮音不绝，空气清新。

普陀山南海观音庵

此处势随峰起，秀林葱郁，气顺脉畅，碧波荡漾。莲花洋彼岸的朱家尖，隔海侍卫；双峰山坡麓的紫竹林，潮音频传。普陀山新的人文景观，海天佛国的象征。

岱山中国海洋渔业博物馆

中国海洋渔业博物馆位于以“大黄鱼故乡”而闻名的东沙古镇，共展出“海洋是生命摇篮”“舟山渔场”“渔船与作业”等十大系列的陈列内容，展品多达 1600 余件。

舟山群岛风光秀丽，气候宜人。这里怪石嶙峋，礁石遍布，这里拥有两个国家一级风景区。著名景点有佛教圣地普陀山、号称“十里金沙”的朱家尖、海上蓬莱仙岛岱山等。普陀山四面环海，风光旖旎，幽幻独特，被誉为“第一人间清净地”。岛上树木丰茂，古樟遍野，鸟语花香，素有“海岛植物园”之称。岛上景点分布十分集中，可谓“处处皆景”，而在有心人看来，又是“景景皆禅”。这里的石头、山洞，乃至树叶、浪花都似乎有一种灵性贯通其间。

朱家尖最为著名的是沙滩，这里集中了 9 个沙滩，是华东地区乃至全国最大的组合沙滩群，其中 5 个沙滩连绵在一起，像一条金色的项链镶嵌在碧海蓝天间，构成了传说中“十里金沙”的景象。这里水清沙白，沙子柔软细腻，是制作沙雕的完美材料。除此之外，这里也是著名的水上运动场所，驾艇飞舟、帆板冲浪、沙滩球类等运动在这里都十分热门。

基湖沙滩是舟山群岛最大的天然海滨浴场，这里全长 2200 米，面积达 50 多万平方米。这里集绿洲、沙滩、海湾为一体，坡度平坦、绿树成荫，十分美丽。

与其说舟山群岛是一个风景如画的自然景点，倒不如说它是人间通往仙境的平台，自然的造化，让这里的美俯拾即是，每一处的经典，都处处体现着圣洁和魅力。

被阳光宠爱的海岛

皮皮岛

这是一个适合独行侠的岛屿，这里有温暖和煦的阳光，柔软洁白的沙滩，宁静碧蓝的海水，神奇的天然洞穴，原始的自然风貌，这里就是泰国国家公园——皮皮岛。

所属国家：泰国
语　　种：泰语
推荐去处：通赛湾

皮皮岛距离普吉岛约 20 千米，是由大皮皮岛和小皮皮岛组成的姐妹岛，虽然名声比不上普吉岛，但凭借美丽原始的自然风景，皮皮岛也成为近年来炙手可热的旅游海岛之一，1983 年，皮皮岛被定为泰国国家公园。

大皮皮岛面积约为 28 平方千米，它的形状像一个不规则的哑铃，两头是绿荫覆盖的山丘，而岛中央则是由两个半月形海湾交汇而成，岛中部十分狭窄，最窄处只有 80 米，岸边的海水呈现出迷人的翡翠色。位于大皮皮岛的通赛湾是旅行者梦中的天堂：晶莹剔透的白色细沙，舞影婆娑的热带椰林，还有动人心弦的碧绿海水。

小皮皮岛位于大皮皮岛南部，与大皮皮岛仅相隔 2 千米，由于四周悬崖峭壁，地势十分险峻，因此人烟也相对较少。小皮皮岛最为著名的玛雅海湾，是电影《海滩》的外景拍摄地，由于海域比较深并且珊瑚丛生，因此它也是泰国著名的潜水胜地。

[大小皮皮岛及玛雅湾]

玛雅湾位于小皮皮岛的西南部，整个小皮皮岛礁石壁立，很少有沙滩，因此玛雅湾的沙滩特别令人惊喜。玛雅湾三面环山，沙滩虽然不大但却雪白，四周上百米的绝壁气势非凡，像一只巨大的手保护着玛雅湾。

亚洲最美攀岩胜地

甲米岛

相对于芭堤雅，这里没有人山人海的游客群，没有五光十色的夜生活，也没有过分雕琢的人工美景，它是一个还未过分开发的海岛，但这里的美丽，却贵在清新和自然。

所属国家：泰国
语　　种：泰语
推荐去处：奥南海滩
…

甲米岛位于泰国南部，与普吉岛隔海相望。它拥有30多个离岛，有洁白柔软的沙滩、有温暖清澈的海水、有随风摇曳棕榈树，还有远离世俗的生活，这里无处不美景，处处皆浪漫。这里的沙滩各具风情，每一片沙滩都不算太大，互不打扰，共同分享着同一片海洋。

甲米岛的海被大大小小的岛屿分离成块状，海水颜色层次过渡十分明显，近海海水呈绿色，然后是浅蓝色、水蓝色，逐次递进。与其他岛屿的水清沙幼、海天一色不同，甲米岛有着巨大的喀斯特岩石从翠绿色的海水中陡然升起，这也让甲米岛成为全世界攀岩爱好者向往的胜地。

在甲米岛，有着亚洲最美丽的攀岩场地，还有不少攀岩学校，可以为游客提供所有装备。这里会聚了攀岩老手和菜鸟选手，当地的向导会很乐意地鼓励你向着100多米的悬崖峭壁往上攀登。

如画的风景，茂密的丛林，金黄的海滩，惊险的攀岩，这就是甲米岛。

甲米岛海滩

甲米岛周围零星散落着30多个离岛，如珍珠般点缀着这片海域。洁白柔软的细沙，温暖清澈的海水，棕榈树随风摇曳，瀑布潺流不绝，野生动物随处穿梭，这里到处诗情画意，美不胜收。喜欢攀岩的更可以在这里一展身手。

甲米岛攀岩场所

外婆的澎湖湾

澎湖列岛

“晚风轻拂着澎湖湾，白浪逐沙滩，没有椰林醉斜阳，只是一片海蓝蓝。”在著名歌曲《外婆的澎湖湾》中，澎湖列岛被描绘得栩栩如生，澎湖列岛是一代台湾人的回忆。

所属国家：中　国
推荐去处：七美岛

澎湖列岛位于台湾海峡的南部，由大小不同的64个岛屿组成，面积约126平方千米，域内岛屿密布，地势险要，是中国东海和南海的天然分界线。

澎湖最美的不是海，而是那份像苏格兰感觉的浪漫。早前，澎湖列岛就入选《中国国家地理》“中国最美的十大海岛”。文化与自然景观交相辉映，是这里最大的特色。这里有美丽的海岛风光，清澈湛蓝的海水，洁白细腻的沙滩，走在海滨，看着碧波荡漾，白云浮空，心中总会难掩喜悦之情。每当夕阳西下，落日和大海交相辉映，景色十分醉人。当暮色渐浓、烟雾朦胧之时，渔火也逐渐升起，此时，万千渔船灯火布满海上，犹如一座不夜城。

于海滨眺望，一望无际的海上，环岛流动闪烁的万点渔火，明灭变幻，与空中星斗、月光相互衬托，十分壮观，这就是著名的台湾八景“澎湖渔火”。

【澎湖列岛地理位置】

澎湖县因开发早，古迹甚多。
主要景点有：天后宫、风柜洞、通梁大榕树、澎湖跨海大桥、西屿落霞及灯塔等。

早期澎湖因为生计、季风、战争的问题，只好依靠神佛的保佑，借此安慰心灵。
澎湖县政府提供的2004年全县寺庙登录件数，计马公市45座，湖西乡28座，白沙乡16座，西屿乡11座，望安乡15座，七美乡2座，共计177座。

珊瑚"架"起来的群岛

西沙群岛

所属国家：中国
推荐去处：北礁
甘泉岛
…

"在那云飞浪卷的南海上，有一串明珠闪耀着光芒，绿树银滩风光如画，辽阔的海域无尽的宝藏……"在《西沙，我可爱的家乡》中，生动地描绘了位于中国南端最神秘的岛屿——西沙群岛。

西沙甘泉岛唐宋遗址

清朝广东水师提督李准巡海时发现此岛中部低地有淡水井两口，泉水甘甜可饮用，即称："已得淡水，食之甚甘，掘地不过丈余耳，余尝之，果甚甘美，即以名甘泉岛，勒石坚桅，挂旗为纪念焉"，甘泉岛因此得名。我国渔民也称该岛为"圆峙""圆岛"。

由于过去西沙群岛一直属于不被开放的海域，因此这里人迹罕至，伴随着三沙市的建立，越来越多的旅客有机会体会神秘的西沙群岛。

西沙群岛是我国南海的四大群岛之一，它主要由永乐群岛和宣德群岛组成，西沙群岛以珊瑚岛为主，这里有连绵数里的奇形珊瑚礁，附近的海域也生长着各式各样的海洋植物和鱼类，大大小小的珊瑚岛屿群漂浮在蔚蓝色的海面上，美丽而又纯净。自古以来，西沙群岛就是我国"海上丝绸之路"的交通枢纽，在历史的进程里，无数满载着陶瓷、丝绸、香料等货物的商船都要途经此地，因此，这一航线又被称为"陶瓷之路""香料之路"和"香药之路"。

永兴岛是西沙群岛的第一大岛屿，这里有着典型的热带风光，岛上风光旖旎，风景别致。遍地的椰树、枇杷树、羊角树、马王腾让这个小岛显得丰富多彩。

这里有像翡翠一般的海水，有白色的沙滩和五颜六色的鱼群，这里的美，经得起等待。

神秘的墓岛

泰蒙岛

太平洋复活节岛上的石像遗迹一直都是人类史上的未解之谜，它们吸引着许多爱好冒险的人来这里探寻真相，但在南太平洋波纳佩岛的东南侧，也有一道“奇特”的景观，在这片长达 1100 米、宽 450 米的太平洋海域上，分布着大大小小共 89 座陵墓。只是相比于复活节岛上的石像，南马特尔遗迹就鲜为人知了。

泰蒙岛是西太平洋岛国密克罗尼西亚联邦的岛屿，它位于波纳佩岛的东南侧，这是一个非常小的海岛，在岛上有一处伸向大海的珊瑚浅滩，在浅滩上耸立着 89 座高大雄伟的建筑物，十分壮观，这些建筑物全是用巨大的玄武岩石柱纵横交错搭起来的。远远望去，怪石嶙峋，仿佛大自然鬼斧神工留下的杰作，近看又仿佛是一座座神庙。当地人把这些建筑物叫做“南马特尔”，在波纳佩语中“南马特尔”有两个意思，一是“集中着众多的家”，另一个是“环绕群岛的宇宙”。

所属国家：密克罗尼西亚联邦
语　　种：英语
　　　　　波纳佩语
推荐去处：南马特尔
　　　　　…

南马特尔在 1500 年之前曾是邵德雷尔王朝的首都。它是这里的政治、宗教、文化中心，这里的巨石建筑群传说是由一位法力无边的魔法师应当地人的邀请而建成的。这位魔法师住在波纳佩岛西北的一个地方，为南马

南马特尔遗址

这座建筑年代不详的古代巨型建筑，安卧在小岛上，直到 600 年前，葡萄牙航海家佩德罗·费尔南德斯作为第一个外来者踏上小岛，发现了这座“海洋神殿”，从此打破了岛上的宁静。

南马特尔建筑遗址

南马特尔的整个建筑群使用了大约100万根玄武岩石柱，假设这些石柱的原材料都是从该岛北岸的采石场开凿的，经过加工之后再用筏子运到建筑地点，以每天动用1000名精壮劳力从事这项工作来算，光是采石就需要655年，将所有石料加工成五边形或六边形的棱柱，则需要200～300年，而运送到目的地并最终完成建筑，总共需要1550年的时间。

特尔提供了大量巨石。

从这些古建筑被发现的那一天，南马特尔建筑就成了一个未解之谜，南马特尔遗迹的那些古代坟墓，没有任何的文字记载。据当地的人们说，关于那些古代坟墓的来历，都是当地酋长一代代用口头传授下来的。因此，只有酋长和酋长的继承人才知道，如果这些内容向外人泄露，酋长与外人就会遭到诅咒。

由于神秘莫测，这里吸引了许多科学家及民间探险家前来探秘，但许多来过的人都神秘地暴毙而亡，据传，在1907年，波纳佩岛的总督伯格对南马特尔遗迹产生了极大的兴趣，在酋长的授权下，他派遣官员对南马特尔进行了发掘，然而下令还不到一天，总督突然暴死。19世纪，德国考古学家卡伯纳也两次前来此地挖掘文物，不幸的是，在他第一次将挖掘的大批珍贵文物准备装载回国时，船被巨浪掀翻，除卡伯纳外所有船员全部死亡。第二次，他又来此地挖掘文物，但不久后，他就因为精神病死于岛上。而这些神秘的诅咒也为这个小岛增添了许多的神秘色彩。

南马特尔的谜题至今仍未解开，而这些古老的建筑群，为这里带来了众多的旅客，如果你热衷于探秘，那就来这里吧。

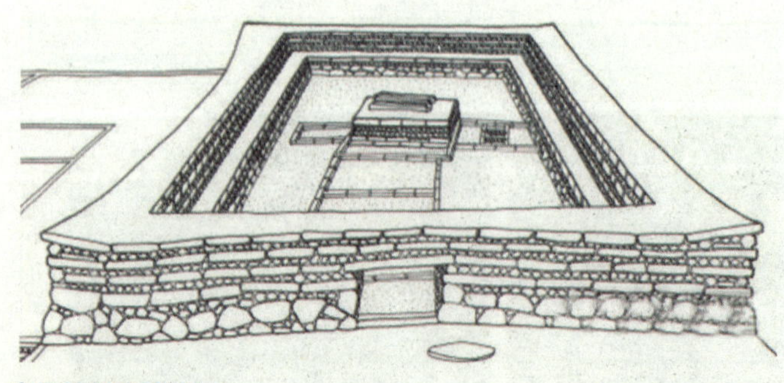

南马特尔遗址猜想

鉴于方南马特尔的神秘及不可思议性，许多学者提出，是否是古代人掌握了反重力学的奥秘？这个答案或者是解开这座古城的一个切入口。

印度洋上的眼泪

斯里兰卡岛

绿色是斯里兰卡的主色调，那种绿，让人一生难忘。这个小岛从不吝啬它的美，这里的红花绿草养眼至极，这里的天空蓝得透亮，这里的人们热情洋溢。古堡、恋人、日落、海滩、飞鸟，总有一种方式，让你与这里最合拍。

斯里兰卡，旧称锡兰，是一个位于印度洋上的热带岛国，它与马尔代夫共享着印度洋这一片广阔的海洋，斯里兰卡就像是印度洋的一滴眼泪，镶嵌在广袤的海面上。打开世界地图，斯里兰卡与印度遥遥相望，据称，它与印度南端之间仅隔约 20 英里宽，因此也有人说它是被印度遗弃的孩子，但作为东西方航运交汇的中心与枢纽，斯里兰卡不仅不会“被遗弃”，还凭借着重要的地理优势在世界上占据着极为重要的位置。

斯里兰卡被马可波罗认为是最美丽的岛屿，因为它有美得不可一世的海滩，神秘古老的城堡，丰富多样的自然遗产，以及悠久而又迷人的历史。

行走在斯里兰卡西南部的海岸线上，踏在细腻柔软的沙滩上，你会感觉一切都沉寂了下来。在斯里兰卡的

所属国家：斯里兰卡民主社会主义共和国
语　　种：英语
推荐去处：文化三角
…

斯里兰卡岛国面积不大，却有 7 处世界文化遗产，其中 5 处集中在以西古城阿努拉德普勒、东古城波隆纳鲁瓦、中古城康提构成的三角地带，被称之为“文化三角”。

寺庙僧侣就餐石槽

斯里兰卡是佛教之国，寺庙随处可见，左图所示为僧人就餐之石槽，一槽可供 500 人同时进餐使用。

万种风情里，最迷人的莫过于海和沙滩。无论你钟爱哪种沙滩，可以在这找到一片中意的。

坦加勒是斯里兰卡最为著名的沙滩之一，坦加勒本身因其作为分界线而闻名，它横亘在斯里兰卡岛上，把西南部海岸风景如画的热带峡谷和东南部长长的沙滩分割开来。它周围椰白色的沙滩被蔚蓝的海水慵懒地包围着，是当地人最爱的避暑度假地。在这里，还可以漫步在活鱼市场，在海边看斯里兰卡特有的立杆钓鱼或者在印度洋上吹吹海风，享受沙滩阳光的惬意，玩玩各种海上运动。在这里，可以把大海玩到极致。当然，斯里兰卡的海自然也不会辜负潜水爱好者的期待，这里有亚洲最好的海水和沙滩，绝对是潜水、冲浪迷们的天堂。

[四方城舍利殿]

红砖砌成的圆形围墙历经岁月侵蚀已是一片斑驳。

除了海滩，这里的植被之丰富也令人叹为观止，漫步在斯里兰卡，你会发现到处植物茂盛、树影婆娑，风景十分秀丽，完全是一座热带花园。

[四方城石书]

石书横卧在地上，四周雕刻着大象等图案，记载着修建佛堂供奉佛牙的经过。

斯里兰卡在僧伽罗语中有“乐土”“光明富庶的土地”的意思，因为斯里兰卡 90% 的土地中都含有各类宝石，其种类甚至占到全世界宝石的一半。因此，它也被誉为“宝石王国”。除了宝石，香料也是斯里兰卡的一大特色，在斯里兰卡上空，到处都弥漫着浓郁的香料味道，这些弥漫着的香气，笼罩着古城神殿，笼罩着寺庙森林，笼罩着每一寸自然美景。

在世界古老的艺术、建筑和宗教殿堂里，斯里兰卡的“文化三角”也有属于自己的重要席位。“文化三角”位于斯里兰卡中北部地区，1978 年，它就被联合国教科文组织列入世界文化与自然遗产名录。踏上“文化三角”，欣赏丰富的历史遗迹，你一定能感受到斯里兰卡曾经的光辉灿烂。

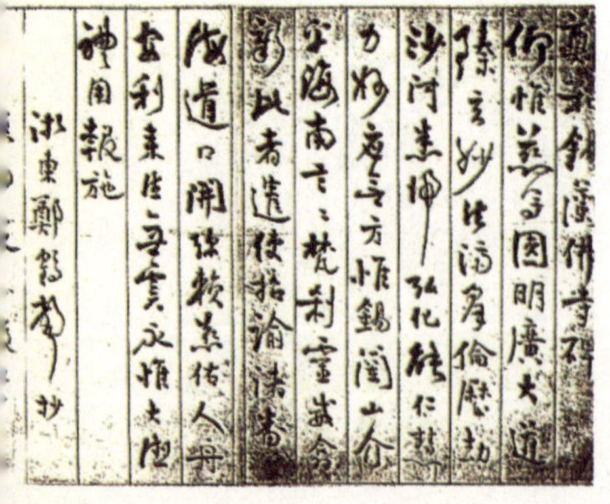

[郑和碑]

郑和 7 次下西洋，6 次途经斯里兰卡，并竖立郑和碑以示中斯友谊。

斯里兰卡带给人的印象，就像那杯世界著名的锡兰红茶，只有慢慢体验，慢慢品味，才能捕捉到那里独特的美。

水火雕出来的作品

涠洲岛

落日、海滩、椰林，这是涠洲岛给人的第一印象，但当你深入体味这个小岛时，就会发现这个小岛的独特之处——仙。它是仙侠小说里蓬莱仙岛的原型，不知漫步在涠洲岛，你能否感觉到那一丝丝的仙气儿呢？

涠洲岛位于北海市北部湾海域中部，它东与雷州半岛遥遥相望，东南毗邻斜阳岛，南部则紧邻着海南岛。这是中国最大最年轻的火山岛，也是广西最大的海岛。从高空鸟瞰，涠洲岛像一枚弓形翡翠浮在大海中。难怪古时就有“北部湾上涠洲岛，南海碧波镶翡翠”的说法。

所属国家：中国
推荐去处：鳄鱼山
…

涠洲岛是由火山喷发而堆积起来的岛屿，在西南部的鳄鱼山，海蚀、海积及熔岩等景观独具特色。涠洲岛气候宜人，夏无酷暑，冬无严寒，四周烟波浩渺，风光旖旎，称得上是人间天堂。这里的空气富含负氧离子，清新怡人。因此，这里也曾被评为中国十大迷人海岛之一。

这个小岛是所有文艺青年的必去之地，它糅合了文艺青年们热爱的特质，它有茂密的植被，也有奇特的海蚀，还有海积地貌和火山熔岩。这种小清新中带着粗犷的风情，让人流连忘返。

[涠洲岛鳄鱼山国家地质公园]

鳄鱼山国家地质公园博物馆，位于鳄鱼山景区。博物馆内珍藏多种火山岩、珊瑚、海洋生物标本，所有标本都注有详细说明，并附有地质公园景区内相应图片。影像大厅有涠洲岛宣传片播放，动感大厅有4D科普电影。是科普海洋知识、地质知识的好去处。

Europe Articles

2 欧洲篇

最适合仰望星空的地方

马恩岛

英国 *London Evening Standard* 杂志说，马恩岛是世界上最适合仰望星空的地方。那里有着清澈的天空，灯光污染甚是稀少，从而拥有着欧洲最震撼人心的迷人夜空，这些种种，让这座小岛无可厚非成为了观星者可以放空自己的世外桃源。

所属国家：英国
语　　种：英语
推荐去处：皮尔城堡
马恩岛步行道
Manannan 大厦
…

马恩岛，一个神奇而神秘的存在，它依偎在英格兰和爱尔兰之间的爱尔兰海中，远离喧嚣的都市，有着许多不为人知的有趣景观。历史的遗迹、未经修饰的海滩、有轨马车、电力火车以及蒸汽火车构成了马恩岛一道亮丽的风景线，别有一番情趣。

如果是喜爱冒险的，可以在岛上攀岩或是在海中与鲨鱼同游。如果是对这个世界无比好奇的，那马恩岛更是不能错过的理想地方，因为可以看到世界两大怪——四角山羊和无尾猫。这里的猫，不管是黑的、白的、黄的，还是花的，屁股后面一律光秃秃的，没有尾巴。岛上还有一种四只角的山羊，这四只角，两只长得又粗又弯又长，黑白两种颜色交错；另外两只又短又小，看起来十分滑稽可笑。

或许你看惯了蓝天白云，看腻了洁白海滩和碧绿海水的海岛，那么马恩岛就是你剑走偏锋换换口味的另类小岛。去马恩岛吧，在长夜里仰望星空，与伟大的灵魂对话。

马恩岛猫币

马恩岛猫是一种奇怪的无尾猫，也是世界上唯一不长尾巴的猫种，被称为马恩岛的一大特色，传言在早年，岛上发生了一场猫瘟，结果幸存的猫就没有尾巴了。马恩岛猫是世界八大名猫之一，是爱德华七世最喜欢的宠物。

马恩岛猫币是目前世界最流行的贵金属纪念币之一，该系列的首枚发行于 1988 年，从那以后每年都会发行不同的马恩岛猫币，其新颖的设计吸引了数以千万人的热烈追捧。

[圣托里尼经典的房子]

希腊人用最纯净的白色、黄色、蓝色，在面朝碧蓝爱琴海的黑色悬崖峭壁上，建立起一座座玩具似的房子，这种配色的方式，形成了独特的经典唯美的环境。

柏拉图的爱与自由

圣托里尼岛

在爱琴海饱满而柔美的阳光之下，有一座让全世界惊艳的岛屿，阳光、碧海、蓝天，还有蓝白建筑映衬着的蔚蓝大海，美不胜收。这座岛屿的名字，叫做圣托里尼岛，阳光从蓝色的天际洒下，温暖如同圣光，点亮着柏拉图的爱与自由。

圣托里尼岛，古名为希拉，位于希腊大陆东南200千米的爱琴海上，是由一群火山组成的岛环。在圣托里尼，有依傍火山断崖而建的餐厅、咖啡馆，有层层相连、高低错落的白色房屋，有夜店的喧嚣嘈杂，有小店的熙熙攘攘，有暗处的缠绵悱恻，也有仄巷里的橐橐脚步声……

所属国家：希　腊
语　　种：希腊语
推荐去处：伊亚小镇
红沙滩
亚特兰蒂斯书店

圣托里尼岛晚上天凉，最好带一件外套御寒。高倍数的防晒霜一定要带上，或在当地买，并且一定要不停地补抹。

[亚特兰蒂斯书店]

这里会举办各色的表演会，还会组织日落朗读活动。

璀璨的圣托里尼岛，柏拉图曾在这里展开关于“爱”的沉思，这里蓝白相交的色彩天地是艺术家的聚集地，也是摄影家的天堂。这里灯火璀璨，人潮熙攘，你可以骑着驴在港口和村落间游荡，也可以坐船去火山岛闲转，如果有闲情，还可以在爱琴海边吃烤肉，看着伊亚的落日，来一场与柏拉图探讨爱的命题的心灵之旅。

事实上，在圣托里尼岛，不难找到童话般的浪漫。如果你是和生命中的另一半来此度蜜月，那圣托里尼也绝不会让你失望而归，你们可以乘船游览整片海岛，可以享受阳光普照的海滩，精妙绝伦的自然景观以及传统居民区，美味的地方佳肴也是不可错过的。闭上眼试想一下，恰到好处的灯光、海浪声、美食、美景，足以让人荷尔蒙膨胀。

这里是希腊圣托里尼岛。这里是柏拉图笔下的自由之地，有世界上最美的日落，最壮阔的海景。在这里，你的心必定是不安分的，因为你想作诗、想画画，想歌颂和彩绘出你心中最蔚蓝的圣托里尼。

伊亚镇是圣托里尼岛的第二大小镇，依海边的悬崖而建，同时也被认为是世界上观看落日最美的地方。世界上仅有两处红海滩，而圣托里尼岛南段，就有这么一处神奇的红沙滩。亚特兰蒂斯书店是“世界最美十大书店”之一，站在书店的阳台可以俯视圣托里尼火山岛的全景。这里，是一个拥有蓝天白云、碧海古堡的神奇地方，这里，有着一股叫人无法抗拒的魅力。

圣托里尼是一个蓝色的世界。蓝的天、蓝的海、蓝的屋顶，这些代表着宁静、沉着、稳定的蓝色，全都躲在了爱琴海的怀里。柏拉图曾说，爱琴海上原来有一个美丽富饶的理想国——亚特兰蒂斯。那里遍地黄金，君王英明，百姓安居乐业。其实，圣托里尼岛的小白屋、教堂以及茶座，近在眼前的活火山岛，被夕阳染红了的海风，已经不会转动的风车……这些种种，才是现实之中的理想国。

在圣岛旅行基本不会遭遇被抢的情况，这里治安状况良好。只是在有些餐馆就餐时要防止他们的餐费欺诈。没有问清价格不要随意就餐。

圣岛的悬崖峭壁很多，院墙一般又都很矮，因此尤其要注意儿童的安全。

进行岩洞探险的时候注意不要偏移主要路线，沿途的石灰石介质通常很不稳定。

冰与火的恋曲

冰岛

这是一个来自外星球的国度，这里有世界上最纯净的空气和水，以及最好的温泉，这里有火山、冰川、瀑布、极光，这里撼天动地的神圣美景令人窒息，这里是世界上最冷艳、最温柔、最纯净、最热情的国度，这里奏响着一首冰与火的恋曲。这里，就是冰与火的国度——冰岛。

冰岛位于北大西洋中部，靠近北极圈，是欧洲第二大岛。它将严寒和炽热、高山和荒野、熔岩和海洋奇妙地交织融合在一起，构成了岛国的独特风光。更因为冰岛具有冰川与火山交错存在的得天独厚的景观，因此，冰岛也被称为“冰火之国”。

冰岛人烟稀少且气候寒冷，唯美的冰川不仅给人美的视觉享受，很多游人甚至更偏爱在冰山湖上进行各项活动。洁白的冰山将阳光映衬得格外闪亮，淡蓝的海水中有大块大块的浮冰漂来漂去，或巨大或细碎的流动的冰川与优雅迷人的海岸线汇聚到一起，语言已显得相当的苍白无力，你完全无法表达出这些历经亿万年所生成的壮美。你所能做的，就只能用心去感受，感受这份冰川之美的无与伦比！

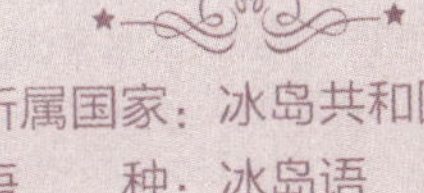

所属国家：冰岛共和国
语　　种：冰岛语
推荐去处：瓦特纳冰川国家公园
冰岛蓝湖
黄金瀑布
…

[斯奈菲尔火山]

斯奈菲尔火山是位于冰岛首都雷克雅未克的一座死火山。它高1500余米，是冰岛最著名的山峰之一。看过《地心游记》这部电影的应该知道，几位主人公从斯奈菲尔火山口下降，一路上克服了缺水、迷路、风暴等各种苦难……而此处正是这里。

[黄金瀑布]

黄金瀑布气势宏大，景色壮观。湍急的水流顺势而下，注入峡谷，落差达50多米，发出震耳欲聋的轰鸣。阳光下，在蒸腾的水雾中，布满闪着金光的点点水滴，艳丽的彩虹若隐若现，仿佛整个瀑布是用黄金造就，故而得名“黄金瀑布”之美称。

冰岛是火山的乐园，拥有近300座火山。从高空俯瞰，整片岛屿有不同层次的翡翠绿、宝石蓝、琥珀黄，以及看似单一却又能化为万种风情的火山灰，犹如一幅油画般交织在一起，也有浪花冲击火山灰堆积而成的入海口，绮丽的色彩和强烈的动感，让人眼前一亮。除了震撼，还是震撼，无以言表和难以述说的美丽，火山、温泉、河流的色彩、线条、肌理与海洋大地相交融在一起，纯白的底，湛蓝的湖，荡漾的波，薄纱似的热气飘浮在湖面，仿若童话里天女沐浴的仙境。

冰岛是一个神奇的岛国，冰川、火山、苔原、雪山、地热、瀑布，这些原本不可兼容的地貌矛盾却和谐地存在于冰岛。这是一颗魔幻而又神秘的外星球，它独特个性的风光深深吸引着来自世界各地的旅游爱好者。这颗美丽的外星球，也吸引了《星际穿越》《权利的游戏》的摄制组到来。

冰岛有它独特而引人入胜的地方，它是世界温泉最多的国家；它有雪山、间歇泉、火山、黑沙滩、冰湖、瀑布、熔岩、冰洞、极光、海洋、龙虾、鲸鱼、海鹦鹉，还有人很少；它的山峦绿得如此纯粹，它的黑沙滩黑得如此凛冽。一旦踏入这个神秘的岛国，你便会不可自拔地被其吸引。

冰岛，是大自然的妙手雕琢，永不停息地塑造着奇幻的景观，为人们带来如梦如幻般的美学享受。

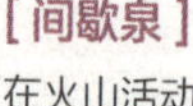

[间歇泉]

在火山活动地区，熔岩使地层水化为水汽，水汽沿裂缝上升，当温度下降到汽化点以下时凝结成为温度很高的水，每间隔一段时间喷发一次，形成间歇泉。

[1291 年建的圣克里斯托福塔楼]

撒丁岛

银白色的沙滩闪着耀眼的光，海岸线连绵起伏如同惬意玩耍的孩子，晶莹剔透的海面和古老而遥远的村落，梦幻的港湾，长长的沙滩以及洞穴，白色的峭壁和暴露的沙丘，这里就是意大利风景最壮观的海岛——撒丁岛，这是一座隐居在城市的海岛。

撒丁岛，也被称作撒丁尼亚岛，位于意大利西部、地中海的中部，是地中海仅次于西西里岛的第二大海岛，是一座孤独而庞大的岛屿。或许撒丁岛没有西西里岛那沧桑的古建筑遗迹，也没有让人为之迷恋的活火山，但它却是欧洲众多皇室政要和明星们趋之若鹜的度假胜地，这里是数百万年前，巨大而美丽的花岗岩层伸出海面，从此而形成的美丽得令人神往又淡泊恬静的人间天堂。

在撒丁岛，没有令人惊叹的鬼斧神工，却不缺乏纯净的大自然美景，同时，这里的文物和环境也被保护得相当好。天然的海滩，碧蓝的海水，微咸的海风，无拘无束的和煦阳光，在慵懒的下午，或航海，或垂钓，或直接投进海洋的怀抱。在这片“大海与度假”紧密联结

所属国家：意大利
语　　种：意大利语
推荐去处：斯迈拉尔达海岸
切尔沃港
卡利亚里
…

撒丁岛交通不太发达，岛上有3个机场和3个主要的客运码头，都远离那些知名的休闲度假地。要想在撒丁岛自由地旅行，自驾车是最佳选择。

[撒丁岛地理位置]

的海岛上，晶莹剔透的海面上，浅蓝、海蓝、青绿、绿色甚至金色都能天衣无缝地融合在一起，这里的礁石有时是深色，有时是珍珠灰，错落有致，圆润无比。撒丁岛就像一颗蔚蓝的明珠，吸引着世界各地的旅行者来此放松身心，缓解压力。在这一片深蓝里，看不到焦躁，看不到疲惫，仅剩的只有自在如风。

[撒丁岛民居特点]

撒丁岛相传因盛产沙丁鱼而得名，是一个年代极为久远的古老岛屿。

到访过撒丁岛的人们都清楚，岩石是撒丁岛的基本组成部分，沙滩、海域、植物和人群，交相辉映在一起，便组成了这个岛屿独一无二而且无与伦比的轮廓。它被一系列的峡谷与海滩环抱在怀里，壮丽而多彩，它拥有古老的传统和服饰，更有数不胜数的考古遗迹，它就好似是由中世纪的画卷里穿越而来的时光。

充满着古老而神秘气息的撒丁岛，自然风光优美，气候温和而湿润，海滨、山脉、湖泊、河流、森林等自然景观一应俱全，单车骑行、徒步环岛、皮划艇、帆板、登山、潜水、跳伞甚至滑翔伞等旅游项目也被当地人开发得淋漓尽致。

[撒丁岛海岸线]

这是一座美丽无比的岛屿，这是一座令人震惊的岛屿，这里的村庄千奇百态，这里的美景风光旖旎，更是火烈鸟及众多珍稀鸟类的栖息地。这里美丽淡泊，遗世而独立，同时又不失个性，人们安逸而富足。美丽的撒丁岛，丽景天然，不愧为人间天堂，绝对当得起“世外桃源”的美誉！

地球尽头最冷酷的仙境

斯瓦尔巴岛

一生之中，至少要有一次北极之旅，去到地球的尽头，在夏季里啃冰块，在凌晨两点感受阳光明媚，也从不夜城出发，向北极熊王国挺进。冰川、海洋、高山、雪地，在北极的光圈中，感受世界之巅的自由与孤寂！

斯瓦尔巴岛，是地球最北端寒冷海岸的岛屿，是挪威的旅游胜地，位于北冰洋之上，冰川覆盖。它是位于北极圈以北的一个原始地方，同时也是欧洲八大让人痴迷的小岛之一。也许很多人痴迷于南极的风光旖旎，但事实上，斯瓦尔巴岛的北极风光丝毫不比南极逊色，反而多彩缤纷甚至更胜一筹，这里植被丰富、动物种类多，有浮冰、冰山，也有毛茸茸与冰川无二致的北极熊，更有令人神往的神秘的北极光。这里栖息着36种令人惊叹的鸟类，各种海豹和白鲸经常在海边露出曼妙的身影。如果你够走运，或许还能看到北极熊、北极狐甚至斯瓦尔巴岛驯鹿。也正是因为如此种种，斯瓦尔巴岛堪称世界上“最冷酷的仙境”。

如果提起夏季旅行或者海岛度假这个话题，被冰雪

所属国家：挪威
语　　种：挪威语
推荐去处：朗伊尔城
　　　　　奥斯陆
　　　　　卑尔根
　　　　　…

推荐去处朗伊尔城美术馆：这里收藏着斯瓦尔巴老地图和古籍，还有由摄影家和作曲家托马斯·韦德伯格作品制作而成的幻灯展示，和K·Tveter的油画作品展览。

[斯瓦尔巴北极熊]

覆盖的斯瓦尔巴岛可能不是第一个浮现在你脑海里的选择，因为各种亚热带岛屿的热情在招惹着你。但斯瓦尔巴岛美轮美奂、晶莹剔透的冰雪景观在炎热的夏季更能给予人们无法抗拒的诱惑，同样会带给你别样的度假体验。

每年的夏季，是去北极最好的时光，这段时间的斯瓦尔巴岛日照充分，气温适宜，植物、动物和冰川都会展现出最动人的一面。冰雪悄悄收拾起冷酷的面孔，渐渐融化，随之而来的是幽蓝的浮冰和冰山、深色调的山脊、五颜六色的极地村庄，还有那神秘莫测、千变万化的北极光。当然，除了这些，最让人为之心动的还有柔软洁白的北极熊，这里是北极熊的家园和乐土，这里就是“北极熊王国”。

根据挪威有关法律，如果遇到北极熊这样凶猛的动物，要尽量躲避开，只有在自卫的情况下才允许开枪。

除了景观，这座北极圈内的城市也拥有最接近现代文明的北极风情。如果你足够闲情雅致，漫步小镇的道路上，一定不会错过斯瓦尔巴群岛博物馆和斯瓦尔巴大学被刷成彩色的极地小木屋。

如果你喜欢自然，喜欢旅游，那斯瓦尔巴岛这个最冷酷的仙境绝对是一生中不容错过的圣殿级旅游胜地，是值得体验的圆梦之旅。

[世界末日种子库入口]

[世界末日种子库结构示意]

[世界末日种子库存储的种子]

为了应对未来可能出现的植物大灭绝，一些国家建造了种子库，其中最著名的当属挪威的世界末日种子库。末日种子库坐落于北极南部 1287 千米的斯瓦尔巴群岛，耗资 900 万美元，2008 年 1 月投入使用。

地中海的心脏

科米诺岛

科米诺岛，其实是位于地中海中部的一个小群岛，因此被称之为“地中海心脏”。科米诺岛的海是全球公认的地中海海域中最干净的，颜色是难得一见梦幻般的浅蓝色，清澈见底的海水没有一丝一毫的杂质。游船会在这醉人的浅蓝里映出重重叠叠的影子，船夫和游客说话声音很小，生怕会惊扰到这世外桃源的幽静。

小巧的科米诺岛，位于马耳他岛和戈佐岛之间，只有 3.5 平方千米，是嵌在马耳他上的蓝色珍宝，那梦幻般的海水便是人们迷恋它的原因。科米诺岛上只有一户常住居民，禁止车辆通行，船只是他们唯一的交通工具。

美丽的科米诺岛，是绝对纯天然的旅游地和潜水爱好者的天堂。游人们在这里潜水、畅游，累了就驻足海边，看着浮现在眼前的闪耀着光芒的蓝色水晶，感受这炫彩夺目、醉人心魄的美。或者，你也可以来一场环岛徒步之旅，曲折蜿蜒的悬崖，隐秘美丽的沙滩，蓝而清澈的海洋，石块上的青色壁虎们，都是沿途不可错过的别致美丽。

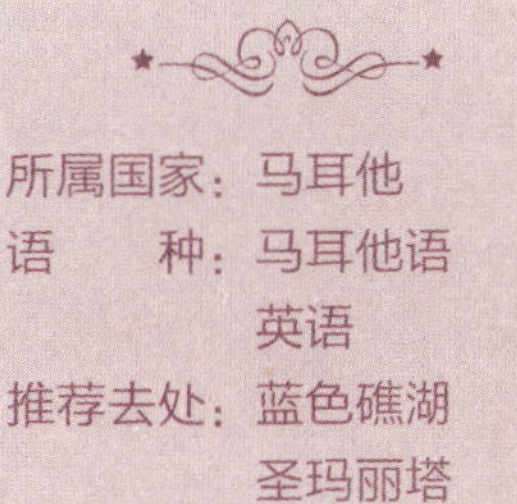

所属国家：马耳他
语　　种：马耳他语
　　　　　英语
推荐去处：蓝色礁湖
　　　　　圣玛丽塔
　　　　　…

迷你而迷人的科米诺岛，有着令人神魂颠倒的魅力，它是地中海的心脏，也在每一个到访者心中从此占据了一个不可替代的位置。

[蓝礁湖]

蓝礁湖像个天然的“游泳池”，四周被石灰岩围绕，游客可以在这里潜水，畅游，也可在岸上骑车游览整个小岛。除了让人醉心的蓝礁湖外，科米诺岛还被列为鸟类保护区和自然保护区，可见这里的环境纯天然，无污染。

航海者的天堂

奥兰群岛

在芬兰西南的拐角处，波罗的海一隅，是星罗小岛一路逶迤的奥兰群岛。错落有致的岛屿，像是一颗颗散落在茫茫大海的珍珠。巨型的礁石、山花烂漫的谷地、茂密的森林，让奥兰群岛独具风采。据说，这里也是航海爱好者的天堂！

所属国家：芬兰
语　　种：瑞典语
推荐去处：玛丽港
　　　　　格卢那乌登海滩
　　　　　奥兰岛公园
　　　　　…

奥兰群岛是位于波罗的海上的岛屿，在芬兰大陆和瑞典之间的波斯尼亚湾南端，近6500个岛屿大多都是礁岩小岛。这里气候宜人，到处都是迷人的自然风光，是芬兰当之无愧的旅游胜地。游客可以在群岛间骑自行车旅行，游人随处可以租到自行车，并可获得一份地图及指南，沿途有许多营地，还有度假别墅和民宿可供歇息。如有兴趣，游客还可以在海边垂钓，乘船在海上游览打猎，感受自由自在的感觉，体验这来自波罗的海的慢生活。在这样的慢生活里，你会逐渐忘却时间，

[玛丽港市中心铜像]

一位雍容华贵、面容娇美的贵妇人，以铜质雕塑的形式，站在广场高处，注视着玛丽港市中心，她面庞上丝毫不掩饰贵族气的骄傲与庄重。铜像主人就是亚历山大的皇后玛丽亚·亚历山德罗芙娜。在俄国沙皇亚历山大二世看来，玛丽港就是为她而建的城池。

放空自己。你可以亲眼目睹传统帆船和渔船组成的海洋文化，也可以感受来自世界各地的小贩、工匠和艺术家们营造的生活气息。

到访过奥兰群岛的人们都说，奥兰人的一天慢生活首先是从一杯咖啡开始的。即便是再平常不过的工作日，清晨着装完毕，他们也不会着急开始工作，而是选择一家公司附近的咖啡屋。这座海洋中的城镇，海风总是吹拂整座城，咖啡店的老板或者老板娘早已备好热咖啡和毛毯，欢迎并期待新的一天。

[奥兰岛（厄兰岛）]

奥兰群岛位于波罗的海波的尼亚湾入口处，从地图上看，就是位于瑞典和芬兰中间的那群小岛。

如果你乐意，可以去城市中心走一圈，这里有各式的餐厅、小食店、咖啡屋，琳琅满目。晚餐的时候，俄式的小木屋里，北欧的鱼宴正飘着香。在奥兰岛，老的民宅是清一色的俄式建筑：挑高的房梁，配上高大宽阔的玻璃窗，很有风情。在这个亲近海洋的海岛城市，与自然毫无距离，阳光也是每幢俄式老房子里的住户。

自行车、咖啡、红石、绿水、俄式老房子，大概这就叫慢生活。

事实上，或许很多到访过奥兰岛的人会觉得它小巧精致，因为在城市的中心，就是几条街道，实在是小巧玲珑。但它其实是很广阔的，拥有 6500 个小岛，有人居住的岛屿只有 65 个，大部分岛屿基本上与世隔绝。奥兰岛上的大部分小屋是建在水面上的，住在这样的小屋里，推开房门，便可欣赏一望无际的海平线，如果你走出小屋，还有红色的花岗岩小道一直通往漂亮的森林。或许，这就是你曾经梦想的海上生活。

[玛丽港]

[奥兰岛房屋]

[奥兰岛城市]

[奥兰岛海滩]

奥兰人说与海为伴，意味着忍耐孤独，与孕育了坚韧的内心；而海洋交易带给人们的，不仅是商业主义的生活方式，更有富有前瞻性的国际观。

有人说：是船赋予了海的意义。就像人们说的“不到长城非好汉”一样，只有来过奥兰岛，才会明白什么叫做“为海而生”。奥兰人是叱咤海洋的维京人后裔，擅长航海。在奥兰岛上，可以坐上豪华游轮，破开海浪，穿梭于群岛之间，划船抑或是钓鱼，打上一场高尔夫等。在岛上，随处可见各种游艇上游人如织，这里最“高大上”的游艇——诗丽雅游轮公司的豪华游轮，给奥兰岛带来了源源不断的度假观光客。如果你对船有着痴迷的感情，那么奥兰岛处处都有让你兴奋的景色。

乘游轮观鸟也是受游客们青睐的一个航海项目，在奥兰岛规划的自然保护区里定居的鸟类，有北欧最常见的黑羽海鸥，也有白天鹅等珍稀候鸟。若是你有高倍单反相机，这里绝对是自然摄影的佳地，绝不容错过。坐在游轮上，乘浪而行，观赏着在海与天之间自由翱翔的美丽海鸟，你会不由自主生出念头：不如也来做只海鸟，驻留岛上，静静观赏一整天的日出日落，一整夜的星斗满天，还有一整片海的潮起潮落……

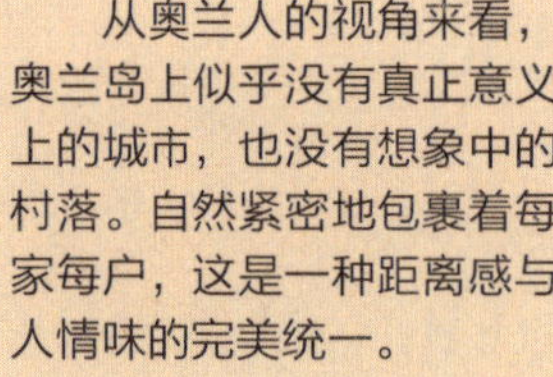
从奥兰人的视角来看，奥兰岛上似乎没有真正意义上的城市，也没有想象中的村落。自然紧密地包裹着每家每户，这是一种距离感与人情味的完美统一。

海，是奥兰人的精神，船，是奥兰人的生命。船与海的情愫，在奥兰人的心中薪火相传，他们的坚韧，有勇气和好奇心，深深感染着每一个到访的游客。在这里，船可以是快艇，也可能是帆船，但即便只是一叶白色的小小的不起眼的扁舟，只要划到奥兰，它也会被赋予独特的意境和令人折服的精神寄托。

奥兰群岛，在航海爱好者的天堂里，海的记忆，永生不变。

皇帝的故乡

科西嘉岛

法国皇帝拿破仑的严酷时代，已经无可奈何地沉落。但由于是拿破仑的出生地，科西嘉岛成为了一个赫赫有名的法属大岛屿。在这里，延绵的蔚蓝海岸线与细白沙滩相接，让度假与放松变得如此简单。树荫底下的露台，纯净的美食，微妙的口味，烹调出地中海独特的味道。

位于地中海西面的科西嘉岛，是仅次于西西里岛、萨丁尼亚岛和塞浦路斯岛的地中海第四大岛。这里常年阳光明媚，花草繁茂，海水清澈，更有独特的海上山脉，湍急的水流，长长的白色沙滩，世界闻名的文化遗产，为世人展现出了一系列世上难得一见的美丽景象，使得到此游玩的人络绎不绝。

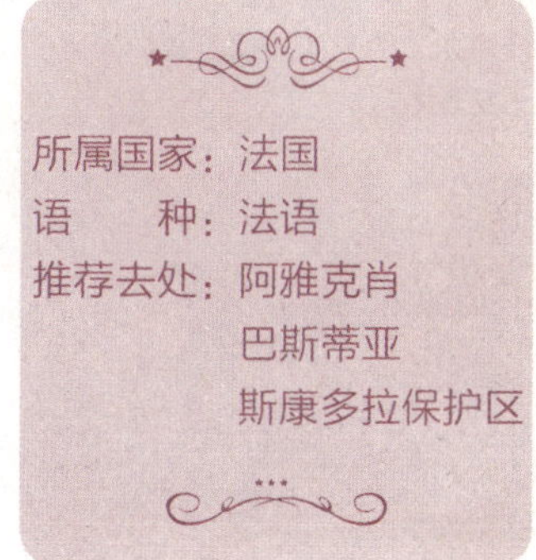

所属国家：法国
语　　种：法语
推荐去处：阿雅克肖
巴斯蒂亚
斯康多拉保护区
…

作为一个地中海的岛，自然而然会少不了秀丽的海景，如蔚蓝的海水和银白色的沙滩。但除了这些，科西嘉岛还是一座弥漫浓郁法式风情的小岛。岛上绵延的山脉随处可见，房屋倚山而建，公路环山而辟，这里的村镇、宗教建筑也是别具一格。在通往科西嘉海角的路上，尽是布满了柠檬树、橘树和橄榄树的宽广的原野。这里，更有法国人的幽默与浪漫情怀，这些种种，给本来就美丽的小岛平添了不少魅力，让人听闻过后便不禁想去游览一番。当然，欣赏美景过后的小憩时间里，不要忘记品尝当地特产——足以与其美丽景色相匹敌的鲜美葡萄酒哦！

[福煦广场拿破仑雕像]

1769年，拿破仑出生在阿雅克肖老城的一幢很有气派的建筑里。其实在科西嘉岛，处处都可以找到拿破仑的影子，譬如街道的名称、街边的饭馆、广场的雕塑，甚至街边小店的装饰。岛上不但有拿破仑故居，还有著

[航海灯塔]

博尼法乔就像一条白色长龙从天而降，成为科西嘉岛最令人向往的朝拜胜地。博尼法法乔的航海灯塔，像海龙王的龙头注视着地中海上的千变万化。

[博尼法乔 岬角悬崖]

博尼法乔是科西嘉岛最南的城市，也是科西嘉岛通往地中海的门户，小城建在一块高而狭窄的岬角上，由于岬角常年受水浸风蚀，形成独特的岩溶风貌。

这是一座甚是倔强的岛屿，隶属法国，却时时想寻找自己的独立归宿，它有着阿雅克肖标志性的拿破仑故居；有着多彩的韦基奥港；有着复古感十足的萨尔泰纳；还有卡尔维、桑勒、欧塔……各处美妙，不言而喻，其中故事等待着你的探索！

名的阿雅克肖·拿破仑博物馆。

优良美丽的自然环境让科西嘉岛上的海水清澈透底，如果你喜欢探寻海中美景，可以在太阳升起之初来到海边，穿上潜水衣，套上脚蹼，进行浮潜或者游泳，由于其特殊的地理位置，深水之中可以看到各种地中海的海底景观和鱼类，绝对会让你尽享海洋魅力。或者，你也可以和友人在细软的白沙之上，晒沙滩浴和玩沙滩排球。

科西嘉岛也是个多山的岛屿，森林覆盖广阔，水力资源丰富。这里很多地方都长满青苔，而且视野开阔。在阳光下放眼远眺，橘黄色点缀的建筑群泛着法式的浪漫光晕，大家耳熟能详的四叶草传说就是出自这里。如果你还有闲暇，在微醺的阳光下，可以踏着石板路，闻着椰香，如果你足够幸运，也会偶然摘到一朵四叶草，或许，在下一次的浮潜中，就会遇到你的美人鱼公主，或者在下一个街角会遇到你生命中那个像拿破仑一样的英雄。

[卡尔维]

据说克里斯托弗·哥伦布出生于当时属于热那亚帝国的卡尔维，但因为当时科西嘉岛动荡不堪，居民名声很差，所以哥伦布隐瞒了自己的真实出生地。

久在樊笼里，复得返自然

王子群岛

久住都市的人们，每天灯红酒绿、火树银花，但在喧嚣繁华之外，总会在某个时刻忽然就想远离世俗尘埃，去一处秘境倾听自己的内心。此时，海岛无疑是最佳选择。地处马尔马拉海中的王子群岛，夜空星辰璀璨耀眼，大海波光粼粼，草坪广阔无垠，毫无疑问，就是我们“久在樊笼里，复得返自然”的不二之选。

[主要的代步工具——马车]

岛上没有任何的机动车辆，俨然一片世外桃源。可以选择步行，穿梭于小街小巷；可以租一辆自行车来个环岛游，但是要有相当的体力，因为岛上坡陡弯多，甚至有些地方需要推车前行。最舒适的莫过于搭乘一辆仿古马车。

所属国家：土耳其
语　　种：土耳其语
推荐去处：大岛
布尔加斯岛
贝壳岛
…

在遥远的拜占庭时期，王室将获罪的王子或者其他的王室成员流放至土耳其的一个海岛，后来的奥斯曼土耳其也依循此例，王子群岛因而得名，土耳其语里意思是“红色之岛”。王子群岛位于马尔马拉海中，由9个岛屿组成。这里拥有美丽绝伦的沙滩、成荫的绿树，还有连绵不绝的高档别墅区。在这里，如仙境般的风景与悠远的历史得到了完美的融合，王子群岛的一花一树，一草一木，都承载着两千多年来深厚的历史文化。

王子群岛也被称之为是“有钱人度假的后花园”。郁郁葱葱的松林，一眼望过去顿觉心情舒畅；私家别墅的门前都种满了花草，每一户的花门都美得如同置身仙

[王子岛建筑外观]

群岛上的许多拜占庭时期的教堂、修道院和清真寺至今仍然保持完整，亦成为当地的景观特色。19 世纪中期开始有汽船往来伊斯坦布尔和王子群岛之间，许多在伊斯坦布尔有钱的希腊人、犹太人、亚美尼亚人和土耳其人开始在岛屿上置产作为度假胜地，使得岛上形成了许多特殊的小型民族社区。大量维多利亚时期的小别墅、小洋房，至今仍完整地保存在群岛上。

境，可以毫不夸张地说，这里简直就是植物爱好者的天堂。在这个没有机动车行进的小岛上，十分的安静、悠闲，这里的主要交通工具是马车，如果天气好，远道而来的游客可以体验一把骑行，不过更多的人更偏爱徒步的方式探访土耳其古老而神秘的脉搏。人们在花门前走走停停，可以沿途欣赏精致而漂亮的拜占庭式古老建筑，也可以坐在海边的餐厅，吹着微咸的海风品尝地道的土耳其美食。

王子群岛上的一切都是让人身心愉悦的。远离了伊斯坦布尔的喧嚣，海峡在这里交汇，东西方文明在这里碰撞，这里的拜占庭古迹保存完好。历史、文化和岁月以及自然在这里编织出迷人的模样，等着你去探索发现。

王子群岛上，每一个小岛，都清净得似乎和现代脱了节。在这里，几乎看不见汽车的踪影，就算是在最宽敞的马路上，来往的也只有盛装的四轮大马车。你也可以坐着马车，欣赏拜占庭式的古老建筑，马车坐累了，就停下来在海滩边吃些烤鱼，看看风景，傍晚时分在海峡边漫步，欣赏落日。如果你还想体验一下游轮，可以在其上欣赏到两岸的秀丽风光，会听到乐队的演奏，你不难发现，在离马尔马拉海不远的这些狭窄小巷中，藏着散淡悠闲。

现在，就让我们踏上王子群岛，让喜怒哀乐全都顺遂真实的内心！

王子群岛到了夏天可能暴增至 10 万人到岛上观光。群岛上最大的特色是除了警局、消防局、医疗和其他特殊需要外，没有任何公车和汽车等现代交通工具，只要步行就可以欣赏岛上特有的建筑物，观光客亦可以租用脚踏车或是而由马车来回穿梭。

来自英伦的后花园

泽西岛

据说，法国文豪雨果在泽西岛居住过三年，他如此评价泽西岛："一切都美妙无比。走出树林，便是一排岩石；走出花园，便是海礁；走出草地，便是大海。"英法的精华在泽西岛汇集，这里有着精致的城市，也有美丽迷人的海岸自然风光……

泽西岛，又名玳瑁洲，位于法兰西海岸线的旁边，是英国王冠属地。地处英国南部的泽西岛属温带海洋性气候，天气温和而宁静，是英国人最喜欢的度假观光胜地之一。带着海浪声的高地和峭壁，连同邻近两座无人岛一起组成的泽西岛，岩洞都带着温和的潮湿。

所属国家：英国
语　　种：英语
推荐去处：伊丽莎白城堡
博波尔湾
艾逵胡岛
…

泽西岛也是建筑艺术之都，在这座迷人的小岛上共有大大小小五十多座漂亮的教堂和大型庄园，有世界上唯一的玻璃教堂。岛上的珊瑚礁吸引来大群的涉禽和海鸟来此栖息繁殖，是游人不可错过的景观之一。

在泽西岛上，你可以欣赏到海湾的宁静美丽，也可以看尽潮涨潮落；你可以观看到巨大的粉红色花岗岩卵石，也可以听听海浪的声音以及渔民们的祈祷诵经声。泽西岛上花卉繁多、草木茂盛，拥有着美到令人窒息的自然景观，是当之无愧的"英伦的后花园"。

[泽西岛古城堡遗址]

有800多年历史的古城堡遗址，依然静静地守候着泽西岛的辉煌过去。

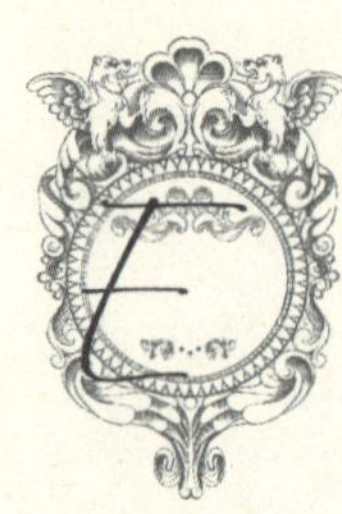

流放拿破仑的天堂

厄尔巴岛

1814年，拿破仑流放厄尔巴岛。他被允许拥有600名士兵，被允许称自己为Elba（厄尔巴）岛的国王。原本默默无闻的小岛因为拿破仑流放至此而被世界所瞩目，被后世所熟知，如今当地的百姓谈起拿破仑依然眉飞色舞。风景如画的天堂，肥沃的土壤和充足的阳光让这里四季花开不断。在这里，你能真真切切感受到意大利人的浪漫，也能轻易就被岛屿的自然魅力所折服。

所属国家：意大利
语　　种：意大利语
推荐去处：费拉约港
　　　　　圣马尔蒂诺别墅
　　　　　卡潘内山
　　　　　…

厄尔巴岛，是托斯卡纳群岛的主岛，也是仅次于撒丁岛和西西里岛的意大利第三大岛，被称为“第勒尼安海中的明珠”，因流放过拿破仑而闻名于世。还有个美丽的神话传说，相传厄尔巴岛和四周的小岛是爱和美的女神维纳斯的宝石项链摔碎后碎片掉入海中而形成的。

来到厄尔巴岛，一定不会让你失望，这里拥有许多奇异景观值得探索，譬如风景如画的小渔村，碧绿的山谷，山顶的小镇，古代的城堡，山顶的小镇，突兀的崖壁，柔软的沙滩以及蓝绿辉映的大海。这里有沁人心脾的碧蓝海水，这里的海港风景比画还美，悠闲的钓鱼港让这里增加了诸多假日风情，明亮的白沙滩游人如织。这里

传说，这个岛和四周的小岛是维纳斯的宝石项链摔碎后碎片掉入海中形成的。考古发现，早在古罗马之前，这里就有埃特鲁里亚人居住。

[海滩景色]

还盛产矿石，动物品种繁多，树木花草繁茂，山间的小镇充满着古色古香的味道，石子铺就的小巷优雅而宁静，村与镇之间还有很多古老的宗教建筑，四周海水清澈，阳光充足，是天然的旅游胜地，是当之无愧的海上明珠。

厄尔巴岛的盛名全来自于当初拿破仑被流放。虽然如今拿破仑不在了，但这个地方并没有遗忘拿破仑，在厄尔巴岛这个旅游胜地，最出名的是当年拿破仑被流放的地方，现在的海岛上面也还留存着拿破仑别墅。甚至，很多街道、广场、饭馆和旅店都以拿破仑的名字命名。行走于海港街道，你随时随地仿佛都在与拿破仑邂逅。

拿破仑流放时居住的地方叫做“铁港镇”。那个小镇坐落于厄尔巴岛北部的山岗，面对碧波荡漾的海湾。镇子是悠闲而恬静的，房舍依山而建，山顶有古堡以及灯塔，所有建筑几乎全是红瓦覆顶，以黄、白两色为墙，掩映于翠绿的树林和灌木丛中，别具一番风味，又有些许孤傲的神秘莫测。

厄尔巴岛无疑是让人着迷的，不管是它美妙绝伦的风景，还是它丰饶厚重的历史，都可以让人久久凝望、沉思。在厄尔巴岛，无论身在高峰峻岭，花园小筑，还是恬静港口，总会找到属于你的那一抹感动！

[拿破仑石像]

拿破仑流放时居住的地方叫做“铁港镇”，小镇坐落于北部的山岗，面对碧波荡漾的海湾。

拿破仑写过一句英文回诗：Able was I ere I saw Elba（在我看到厄尔巴岛之前，我曾所向无敌）。

美丽传说缔造者

西西里岛

《西西里的美丽传说》这部电影，相信你不会陌生。因为西西里岛是个非常美丽的地方，也许为了突出人性的丑恶，导演才把电影场景选在这里。如果你想要找寻一片释放压力的纯净空间，那西西里岛一定是最最适合的秘密花园。

所属国家：意大利
语　　种：意大利语
推荐去处：陶尔米纳
神殿之谷
巴勒莫
…

造访过意大利西西里岛的旅行者可能会毫不犹豫告诉你，世界上没有任何一个海岛可以与它媲美。它拥有不掺杂色的天空，蔚蓝无边的海洋，茂密葱茏的橄榄树林，吸引了来自世界各个角落的声音和人。它也拥有你最爱的电影《天堂电影院》、最喜欢的作曲家莫里康、最爱吃的地中海橄榄油泡菜，以及莫妮卡·贝鲁奇式的西西里的美丽传说。

事实上，这个美丽的传说却并不是传说，而是真真切切的现实。西西里岛，它是镶嵌在地中海的一颗宝石，它和周围附属意大利的岛屿一起组成西西里地区，纯净、

[巴勒莫大教堂]

巴勒莫是黑手党的故乡。欧洲常见的教堂大多为巴洛克式或哥特式，米兰大教堂、科隆大教堂便是哥特式教堂最好的例子，巴洛克式教堂多建于德国和奥地利，如萨尔茨堡大教堂。而巴勒莫教堂却将中亚、拜占庭及伊斯兰这三种建筑风格天衣无缝地糅合在一起。

神秘、美丽，与世隔绝，可以说是意大利最负盛名的岛屿，没有之一。西西里岛的文化瑰宝，让人惊诧。西西里岛的风景，让人震撼。让我们邂逅西西里的美丽传说，揭开西西里岛很多不为人熟知的梦幻面纱。

如果你偶然间走到了西西里岛，看到从清晨透过窗户照在脸上的阳光，你就知道来对地方了。西西里岛的阳光是金色的，沐浴在这金色阳光下，你可以欣赏夕阳暮霭里的海边礁石，也可以贪婪地观赏白沙旷野的堤岸，湿气的房子，庭院里的大树，天主教堂门前的石阶广场以及喧闹的市集。这些种种，都充满着令人心悸的自然之美，亲昵宜人的世俗之美。在那一刻，仿佛你就是影片《西西里的美丽传说》的主角。

毫无疑问，西西里岛是值得细细品味的，漫步其中会别有一番味道，嗅着它的阳光喷洒的味道，走着马车经过的巷道，然后找一个合适的角度按下快门，或许在镜头里，你会发现一辆来自中世纪的马车。哦，别担心，你并没有穿越，那是游人乘坐的马车，它们载着游客在大街上自由行走。或者，阳光正好的时候，你有时候会在自己感兴趣的玻璃窗前驻足，有时候会不经意在拐角的咖啡厅门口遇见一只懒洋洋的猫。

如果你喜欢碧海蓝天，西西里岛也绝对可以让你满意。在陶尔米纳，一边是广阔、蓝色的伊奥尼亚海的海上风光，另一边是埃特纳火山的壮丽山景。在这里可以欣赏到西西里岛最优美的一些风景和沙滩，也可以在陶罗山上的城堡里，饱览周围乡村的壮丽景色。陶尔米纳是西西里岛最美的小镇之一，依山傍海，晴天时还可以可以远眺埃特纳火山。

法国作家莫泊桑说："如果有人只能在西西里待一天，他问道：我该去参观哪里？我会毫不犹豫地回答他，陶尔米纳。这个小村庄只是一个小小的景观，但其中的一切都能够让你的视觉、精神和想象尽情沉溺，享受其中。"其实我觉得，不管是哪儿，哪怕只待一天，只要

去西西里岛旅游可以从意大利的南部城市那不勒斯乘火车，建议买联票，5 天之内可以去任何地方，经济实惠。西西里岛的三大城市都有火车站，甚至还可以搭火车去小城市，但会比较花时间，只有时间宽裕的游客可以考虑火车游。火车票可以在网上购买。

[电影《教父》选景处]

马龙·白兰度和阿尔·帕西诺主演两代教父。巴勒莫处处都有马龙·白兰度的形象。

[巴勒莫人骨修道院]

1599 年，西西里岛巴勒莫嘉布遣会的修士在一座修道院下发现了一些地下墓穴，最后一个保存在这儿的尸体是一个小女孩，年仅 2 岁她的尸体保存几乎完整无缺，从她的黑发碧眼到细致的眼睫毛都清晰可见，她也被称作“睡美人”。

巴勒莫教堂内部是诺曼式的半圆形殿堂，很大很空旷，是诺曼皇室的墓地所在。地下宝藏陈列着各种各样的珠宝首饰，它们都属于阿拉贡的科斯坦撒女王所有。

属于西西里，也觉此生无憾。

在西西里岛，你可以闲时逛逛时髦的时装设计商店，豪华的旅馆，古老的纪念物以及一流的餐厅；也可以探寻奇幻的花朵、可爱的昆虫、开满鲜花的庭院、缠绕着花朵与枝叶的藤蔓；你可以去罗马斗兽场感受当时在这里发生的人与兽之间的残酷格斗和搏杀；也可以到特莱维喷泉（许愿池），寻觅那一段让许多人羡慕的《罗马假日》；或者来到西班牙广场，跟随奥黛丽·赫本的脚步体验一番这个别具浪漫气息的城市；甚至可以二十四小时踏着细软的沙滩，感受着咸咸海风，聆听海鸥低吟优美的歌声……

曾经有伟人说过，如果没到过西西里岛，就不算到过意大利。这话乍一听有些太偏激，但转念一想也可以理解，西西里岛地形极为丰富且富于变化，意大利有的，西西里岛基本都有了，高山，海洋，丘陵，火山，所有精华都浓缩在这 2.5 万平方千米的土地上。难怪西西里岛会得到如此高的评价。

如果忍不住冲动，去了西西里岛这座风情万种的海岛城市，你一定会惊讶于她自然风光惊人的美丽。都说迷人的地区，其魅力在地球上无与伦比。美丽的西西里岛就是这么一个地方，它“超过所有无与伦比的美丽”。

[陶尔米纳]

如果有人只能在西西里待一天，他问道：我该去参观哪里？陶尔米纳。“这个小村庄只是一个小小的景观，但其中的一切都能够让你的视觉、精神和想象尽情沉溺，享受其中。”法国作家莫泊桑如是说。最著名的希腊剧院建在崖壁之上，悬浮于海天之间，堪称奇迹。而迷人的海景会让许多名人富豪在夏季涌入这个小镇，因此城里的时尚业也十分发达，购物环境优越。

迷失在时间迷雾中的火神

利姆诺斯岛

在利姆诺斯岛的历史长河之中，流传着这样一个传说，相传火神赫菲斯托斯就是在利姆诺斯岛上，教岛上的第一批居民加工铜的艺术。这座有着如同大师妙笔之下的美丽图画的岛屿，让火神也迷失在了时间的迷雾中。

事实上，利姆诺斯岛是在近几年来才被人们发现的神秘岛屿，它安静地漂浮在爱琴海的北部，伸出温柔的双臂迎接四海的来客。而利姆诺斯岛也绝不会让你失望，成片成片郁郁葱葱的果树林、喷涌而出的清泉、避风的港湾、鬼斧神工的天然洞穴、广阔的沙滩和火山岩地貌、希腊诸岛不可或缺的银色沙滩，让每一位远道而来的旅人都能大饱眼福，收获抚慰心灵的良方，治愈满身的疲惫。

你若肯花些时间在岛上细细体味，一定会惊觉不虚此行。你可以去面对巍然屹立的山崖峭壁，进行一场惊心动魄的攀岩运动；也能够绕着小岛游览风光优美的小镇，在传统石铺小巷里拍张悠闲烂漫的生活照，在老式的石头房子旁触摸石头的质感，在海滨步行街吃美食，或者，你也可以踩着美丽的沙滩，细软砂卵石，在最僻静的小海湾体验心灵的舒畅与宁静……

[利姆诺斯岛地形]

所属国家：希腊
语　　种：希腊语
推荐去处：圣约阿尼斯海滩、弗洛克提迪斯洞
拜占庭城堡
…

利姆诺斯岛上竖立着一块地质纪念碑：这是全希腊最美的石化森林。到处是石化的圆木、树叶、果实和棕榈树的树根，最古老的可以追溯到2200万年前。这里还有茂密的森林，温泉在树丛间潺潺流淌，泥浆不时从岩缝中迸溅，奇妙的地质景观令人叹为观止。

若乘坐游船而来，未及上岛便能望到利姆诺斯岛恢宏的背景，这是希腊最引人注目的城堡之一。这座威风凛凛的古堡由威尼斯人建造，屹立于小岛首府米里纳的山顶之上。

女王的度假胜地

怀特岛

菱形岛屿，四面环海，静静依偎在英吉利海峡北岸，这里有你所期待的一切：既有嶙峋的峭壁，也有柔软的沙滩；既能骑车自驾，也能踏青登山；既可冲浪帆船，也可放空发呆。这里是集宁静与刺激、惬意与舒适于一体的殿堂级旅游度假胜地——怀特岛。

所属国家：英国
语　　种：英语
推荐去处：维多利亚女王行宫
华威城堡

怀特岛的小火车很有意思，典型的英式古典火车，如同童话般的存在。座椅是弹簧沙发，还有帅气的售票员背着迷你售票机卖票。

[怀特岛童话般的建筑]

岛上有很早以前人类居住的遗迹，但在青铜器时代似乎是史前居民最多的时期。现如今，考斯附近的奥斯本宫是维多利亚女王的一处宅邸。

怀特岛是位于英国南部，南临英吉利海峡的一个岛屿，被称为英国最美丽的离岛。怀特岛是一个阳光充沛的海岛，它安静祥和且历史悠久，港口随处皆可以看到游艇与帆船。在怀特岛，最想推荐给你的活动是环岛徒步，走在鲜花遍地的悬崖边上，看着碧绿的海水和洁白的沙滩，你会难抑跳下水的冲动。最想推荐给你的度假方式是租赁一栋农舍住几天，不管是在松涛阵阵的海边，还是在绿野蓝天的田园之地，在农舍里悠闲晒太阳，轻易就能想到“采菊东篱下，悠然见南山”那样令人向往的生活。

在这个安静祥和的小岛，大自然是它的主人。这里天然纯净的海上丽景，以及恬静美妙的田园风光，无疑是大家心目中旅游的人间天堂。难怪，维多利亚女王和阿尔伯特亲王也在这座岛上建造了他们度假的行宫，可见其魅力非比寻常。

欧洲的“迷你首都”

法罗群岛

在美国国家地理杂志上曾刊登过一组让人心跳加速的图片，那个地方有着不同寻常的奇幻美景，曾被《美国国家地理》杂志评选为50座世界最美岛屿之首。它有着曲折的海岸线、清冽的空气和幽僻的乡村风景，即使在阴霾的天色下，依旧绽放出令人赞叹的美景，它就是大西洋上的“心灵驿站”，欧洲的“迷你首都”——法罗群岛！

法罗群岛，2007年被《美国国家地理》旅人杂志评为最令人向往的岛屿。处在冰岛和挪威之间的法罗群岛，拥有北欧短暂的夏季，暖流吹绿了属于它的一座座小岛，这里的每一点生机都将大自然的美丽体现得淋漓尽致。

其实，法罗群岛属于小众旅行地。在浩瀚的北大西洋中，神奇而美丽的法罗群岛总是被人遗忘，它是欧洲大西洋北部的火山群岛，由17个居民岛和众多小岛组成，是世界上最小的国家之一。但它却是当之无愧的大西洋上的“千年花园”，充满了古老与现代的气息，色彩斑斓的农舍、草顶的教堂、壮丽的海崖，法罗群岛正在诉说着被遗忘的经典。

用“处处是风景”来形容法罗群岛毫不夸张，它有着浓烈的世外桃源气质。法罗群岛的海岸线曲折绵长，盘旋的海边公路两侧，到处可见风景如画的村庄、山峦、峡湾和瀑布。岛东侧的山坡上，绿油油的草坪一直延伸到海岸线，与湛蓝的大海交相辉映。西侧陡峭的悬崖直插云端，将大地与天空连在了一起。如果你有足够的耐心，还可能会一睹海豹将头探出海面的情景。无论在岛屿的哪个位置，大海深沉的气息总会扑面而来。海的周

所属国家：丹麦
语　　种：法罗语
　　　　　丹麦语
推荐去处：托尔斯港
　　　　　克拉克斯维克
　　　　　…

法罗群岛位于挪威、苏格兰、设得兰群岛和冰岛之间的北大西洋海域，岛屿由覆盖冰川堆石或泥炭土壤的火山岩构成，地势高耸崎岖，有险陡的峭壁，有被深峡谷隔开的平坦山顶。海岸线非常曲折，有峡湾，汹涌的潮流激荡着岛屿间狭窄的水道。

［托尔斯港］

［托尔斯港国家博物馆］

托尔斯港是一个完美的色彩魔方，其上的国家博物馆位于市中心以北 3 千米，分为主馆和副馆。主馆展示了海盗时期到 19 世纪漂亮的法罗艺术品，副馆则保留了一些当地人的生活用品，周围的田园风光让这里感觉更像一个大农庄。

托尔斯港国家博物馆所在的建筑明亮优美，里面展出了非常精美的法罗现代和当代艺术品，其中包括琼森－米基内斯（1906—1979）令人感动的油画、海涅森（1900—1991）的讽刺漫画和温特尔的羊毛作品《雨》。

围，陡峭而高耸的峭壁环绕，事实上，法罗群岛的自然风光是冰岛、挪威和苏格兰三者的融合：冰岛变幻无常的风云天气，挪威峡湾的苍翠壮丽，连绵起伏的苏格兰高地风光，这三者在法罗群岛的怀抱里天衣无缝地交接融合在一起。

选择法罗群岛作为旅行的目的地，无疑是为了领略其风光美景。阳光洒落在碧海青山之间，勾勒出一幅幅壮丽的图画。在这个传奇国度里，峡湾和瀑布数不胜数，悬崖峭壁令人叹为观止，尽显其巍峨高耸之态。

即便是被称为“世外桃源”，但法罗群岛人的生活质量、国家的发达程度却一点也没受影响，风景如画的村庄里，推开一间间看似朴素的民房小屋，内装修和家具设施完全不比你在美剧里看到的高大上房间逊色。岛上散布着中世纪的教堂、小渔村、牧羊人的老房子，乡村风景在陡峭的山地间连绵延伸。如同其他北欧国家一样，这里也有许多户外项目，如帆船、登山、钓鱼和观鸟。

事实上，法罗群岛人的生活虽然早就已经步入现代社会，但依然保留着很多传统习俗的影子。如果是初到此地的外国人，都会注意到法罗群岛随处可见的独特“茅草屋”，

［克拉克斯维克教堂］

克拉克斯维克教堂位于小镇的山坡上方。在教堂可以俯瞰整个小镇。教堂外观设计很有风格，内饰也比较精致，是小镇值得一看的景点。

[克拉克斯维克黑羊啤酒厂]

法罗群岛酿酒厂坐落在克拉克斯维克海港旁，酿造这个地区最好的黑羊啤酒。

酒店、民居、教堂，甚至是酒吧都带有长草的屋顶，的确是在屋顶“种草”，却又并非杂草丛生，而是仔细修剪过的绿油油“草坪”，堪称一道与众不同的“屋顶风景”，与周围的绿色风光融为一体。

住在法罗群岛的旅馆里，打开窗便可以看到海，不时有鸟儿落在不远处的草地上。随便一座舒适美丽的海滨小城，都是一个个妙不可言的世外桃源，这里几乎没有什么高楼林立，只有低矮小巧的房屋刷上了童话般的色彩，曲折蜿蜒的小路通向海边，永远清新和湿润的空气，即便什么都不做，闲逛也是一件异常惬意的事情。

在法罗群岛的旅途中，游客们可以欣赏到千万处奇异美景，也可以领略到独特的风俗民情，还可以漫步在被一栋栋美丽小屋装饰着的海滨小城，感受着它的柔情与宁静，感受这远离喧嚣的人间天堂。这些，都是每一段旅途中不可或缺的体验，即便是来到法罗群岛这世界尽头的无序之地，也并不例外。

克拉克斯维克还有老贸易屋和莱卡隆德，它们坐落在两座彼此临近的老式木梁房屋内。前者曾是贸易屋和药房，1961 年前一直营业；后者则经过重建，历史可以追溯到丹麦垄断贸易时期，现在则是一家奇妙的书店和咖啡店，能听到罕见的法罗群岛音乐。

克拉克斯维克公园坐落在城镇东侧，细小湍急的溪流穿行而过。这里拥有面积不大的林地，和周边荒芜开阔的景色形成了巨大的反差。

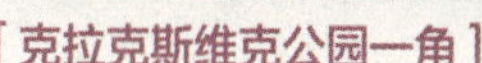

[克拉克斯维克公园一角]

潜水者的天堂

博奈尔岛

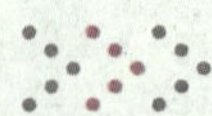

数百种原始的珊瑚，畅游在清澈海中的鱼类，温暖如阳光的热带水域……这清澈见底的海域之美，这美妙绝伦的自然风光，博奈尔岛上的这些“深蓝诱惑”绝对会让你怦然心动！

所属国家：荷兰
语　　种：荷兰语
推荐去处：巴厘竹子假日公园
　　　　　古德度假村

博奈尔岛是荷兰ABC岛之一，ABC群岛是阿鲁巴（Aruba）、博奈尔（Bonaire）和库拉索（Curaçao）三个岛的简称。

荷兰岛屿博奈尔岛位于加勒比海的中心位置，阿鲁巴岛和库拉索岛之间，是加勒比海区域最好的潜水和浮潜的目的地，堪称“潜水者的天堂”。这个风景美丽阳光充沛的小岛全年气候宜人，是个海滩旅行胜地。无论是携着妻子儿女，还是与闺蜜或兄弟同行，或者是蜜月旅行，博奈尔岛都能让你不虚此行，满载而归。每一年，来自世界各地的游客来到这座风光无限美好的小岛上体验小岛文化，尽享绵延的海岸线和天堂一般的美景。

博奈尔岛是海洋探险的最佳选择地。潜伏或者潜水时，你可以将水下的精彩世界一览无遗，各种彩色的珊瑚，350余种鱼、蟹、海龟和海马，全都酣畅痛快地游玩在这片纯净的海域之中。如果你观察入微就会发现：在潜入海底之前会发现有鹈鹕经过一番激烈的猎食后正浮在平静的海面上休憩，而在你潜入海水之中后，成千上万条狂热的鱼欢快地从你身旁游过，动静之间形成鲜明的对比。没有比这种动有动的姿态，静有静的美感

[博奈尔岛地貌]

博奈尔岛是陆地和海洋探险的最佳选择。陆上活动包括观鸟、骑行、远足、高尔夫、攀岩和骑马等。水上活动有划独木舟、浮潜、潜水和划船。

的风光和感受更令人激动的了。

博奈尔岛上居住的人只有约 1.7 万，大好风光拥有着不曾雕琢的自然魅力。把自己置身岛上，吹着习习海风，你会觉得仿佛置身于另一处时空，没有压力只有轻松愉悦。你可以观赏海上丽景，阳光透过浓密的乌云向海面投射出一丝亮光，蓝色海水看上去摇曳生姿；也可以欣赏海面之下美丽异常的彩色珊瑚礁。天空、海面以及海底被融合在一起，“深蓝诱惑”让人欲罢不能。

在博奈尔岛上，陆上活动包括观鸟、骑行、远足、打高尔夫球、攀岩和骑马等。水上活动有划独木舟、浮潜、潜水和划船。还可以进行帆板运动和风筝冲浪。博奈尔岛上也有很多鸟类，尤以红鹤著名，有“红鹤岛”之称，群集在盐滩上的色彩绚丽的红鹤是博奈尔岛上一处吸引游客的胜景。无数的火烈鸟振翅齐飞，遮天蔽日，场面壮观，想想都觉得兴奋异常。

毫无疑问，当狂暴的加勒比飓风横扫一切之时，只有博奈尔岛是幸运儿，因为飓风到岛上时已经所剩无几，只剩下一缕清风，给海岛带来丝丝凉意。博奈尔岛那些在黑暗中闪闪发光的绿星光珊瑚、悠闲游弋的紫色长嘴海马，全都惊艳绝伦，让人怀疑是来自伊甸园的光彩！

[火烈鸟]

听说过火烈鸟吗？你知道博奈尔岛上火烈鸟比人都多吗？这可不是虚言，也是这块天然岛屿的吸引力所在。这里孕育着 200 余种鸟类。海岸连着珊瑚礁，吸引着来自世界各地的潜水爱好者，是海上国家公园的一部分。

[博奈尔岛水底探险]

1979 年，环绕博奈尔岛的整体珊瑚礁被宣布为海底公园，从此，这里的每一只海绵、鲨鱼或是海马都得到了彻底的保护。这个岛屿也因此而赢得了世界各地自然资源保护主义者的高度评价。

神秘而原始的绝色仙境

天空岛

事实上，天空岛一直被世人称为是“英国最美的地方”。它的美丽，它的神秘，它的原始，它的历史厚重感，它浓厚的民族文化，无时无刻不在吸引着各方游客，人们似乎也找不到其他的词来形容，只有“最美”二字，才能不辜负天空岛如仙境般的绝色美景。

所属国家：英国
语　　种：英语
推荐去处：波特里
斯凯桥
仙女池
老人峰
…

天空岛，也叫斯凯岛，是苏格兰高地西部沿海地域最大、最著名、最富有传奇色彩的岛屿，也是唯一一座与苏格兰本岛有跨海大桥相连的小岛。天空岛的地貌大多以沼泽地为主，同时也拥有雄伟的山脉、宁静的湖泊和迷人的海岸线，在这充满浪漫、粗犷与孤寂的自然美中，游客们如入仙境，尽享绝色美景。

遥远、神秘，可以说是天空岛的代名词，作为被世界公认的“欧洲风光最优美的地区”之一，天空岛几乎浓缩了整个苏格兰高地的各种迷人的风景。这座云雾缭绕的小岛人烟稀少，交通不便，让其更添神奇色彩。山峰、峡谷、荒野、漫长的海岸线、陡峭的岩壁，还有那旷野之中的魅力山村，错落有致，美得一气呵成。

大自然是天空岛的主人，在这里，你可以观赏麋鹿穿过崎岖的荒原，海湾里波涛拍击着海岸……这里的一切，始终保持着最冷酷的美丽，保持着最神秘的色彩！

有山有水有城堡，天空岛被誉为是世界尽头的仙境，它的山丘与原野、湖泊与峭壁，无不充满着浪漫、粗犷和岑寂的自然美，史诗般的壮观。在岛上广袤的原野中，时常会被发现那些遗世独立的古堡影像，有的保存完好，有的却被遗弃变为一堆废墟。

天空岛是苏格兰引以为豪的旅游胜地，这里曾经是三个民族世代生活的栖息地，早在9世纪苏格兰国家还没建立之前，高地上就分布着三个民族，低地地区是皮克特人建立的王国，高地北部是入侵者维京人的领地，高地西南部则属于盖尔人的家园。

当然，如果你欣赏够了这些孤寂而幽静的绝色美景，天空岛上也有活力四射的小镇可供你悠闲地走走逛逛，或者，坐下来喝杯咖啡。在小镇迷人的海边，有一排可爱的拥有着艳丽色彩的房子，看着各种渔船和游艇漂浮在波光粼粼的海面上，让人情不自禁地沉醉在了小岛的旖旎风光中。

[斯托尔]

斯托尔是天空岛北部特罗特尼施半岛的一座石山，它的旁边拥有几座壮观的石柱，被称为“老人峰”，这些石峰历史悠久，是侏罗纪地质期形成的火山岩，是存在于世界尽头的仙境。

天空岛的纯净与蓝色让人难以忘怀，不过最让人觉得妙趣横生的还是生活在岛上的奇特动物。有着白色身体和奇特黑色头部的黑脸绵羊天性腼腆，看见游人靠近便会一哄而散。最有范儿的动物是头上长着长角的高地牛，它们的前额留着一撮酷酷的刘海，脸上神情忧郁。如果搭船出海到附近的小岛，也可以近距离欣赏到海豹。

时至今日，虽然英语覆盖了整个岛屿，但是盖尔语仍然被岛上居民沿用，他们用语言传承着盖尔文化。

天空岛，也被称为“隐藏在空中的小岛”，它长期被云雾遮蔽，不露真容，充满了神秘而原始的色彩。据说，天空岛还是许多电影的取景地。

[波特里]

波特里小镇上的一排排普通的房子中间突兀地出现了几座粉嫩系的小房子，粉红、粉蓝、粉绿、粉黄，映衬着蓝天、白云、碧海、青山，吸引了无数写生的画家。也出现在很多明信片和摄影作品里。

[天空岛邓伟根城堡]

这座城堡修建于700年前，是英勇善战的麦克劳德家族居住的。

世界尽头的冰雪秘境

格陵兰岛

绚丽的北极光，鲸鱼出海的美妙瞬间，“午夜太阳”照射下的冰原，狗拉雪橇的速度与激情，巨大的冰川，露出海面的部分在阳光之下发出晶莹的蓝光，路过的船只，穿梭在浮满冰块的海面上，在硕大的冰山面前，本来巨大的船只，却如同孩童手中玩耍的船模……这里，是来自世界尽头的冰雪秘境，这里就是格陵兰岛。

所属国家：丹麦
语　　种：丹麦语
推荐去处：伊卢利萨特博物馆
　　　　　塔斯拉克
　　　　　西西缪特
　　　　　…

许多探访过格陵兰岛的人回来说：“在格陵兰岛，你常常会忘记时间的存在。”这个位于北极圈内的世界最大岛屿，极昼和极夜是极其普遍的现象。

据统计，地球上五分之四的冰都汇集在格陵兰岛。除了冰川，游人们还可以体验到各式各样的北极冒险活动，也可以沐浴在午夜的艳阳之下，驾驶着雪地机动车或者乘坐狗拉的雪橇。在格陵兰岛的南部，喜欢徒步的旅行者可以欣赏到美丽的峡湾景致。

这个极圈内的世界第一大岛，是冰和风的杰作。千年冰封，又由于大风的缘故，覆盖在山峦上的雪呈现出条纹状，顺风的一面，依旧是厚厚的白雪，而背风的地方，褐色的岩石裸露在寒风之中，宛若一幅精美的油画。

[格陵兰冰雪世界]

夏季逃跑锦囊

亚速尔群岛

世界上总有那么一些小角落虽鲜为人知，却足以让到过的人感觉幸福。位于大西洋最西点的亚速尔群岛就是这么一个小角落，它是上帝隐匿在人间的天堂，从空中俯瞰，锥形的原始火山、湛蓝的湖水、未被开发的原生态美景，散发着极致的美丽，是夏季逃跑计划里不可多得的锦囊。

远在15世纪，葡萄牙的航海家就发现了亚速尔群岛，这块身处欧洲最西端的土地，从被遗忘的欧洲之角葡萄牙还要再向西飞行1400千米才能抵达。在《国家地理》杂志评定的世界最佳旅游岛屿中，亚速尔群岛也是赫赫有名——冠军是丹麦法罗群岛，亚军就是葡萄牙的亚速尔群岛。它是葡萄牙孤悬海外的飞地，同时也被称为葡萄牙在“大西洋的九个女儿”。

所属国家：葡萄牙
语　　种：葡萄牙语
推荐去处：圣玛丽亚
法亚尔
HORTA码头
…

在美丽的亚速尔群岛上，植被种类繁多，令人眼花缭乱。放眼望去，郁郁葱葱的乡村处处都是绿油油的牧

[蓬塔德尔加达港市中心的拱门]

蓬塔德尔加达港位于圣米格尔岛，它是亚速尔群岛当中面积最大的岛，从地图上看就像一块东西走向的创可贴，东西长65千米，南北最宽处为16千米。岛的地势像马鞍，两头高中间低，蓬塔德尔加达就位于马鞍的最低点，也是岛上最热闹的地方。

草和石头整齐堆砌起的墙壁。你可以坐在海港的咖啡馆里欣赏悠闲的海岸风景，如若足够幸运，就会瞥见不远处的海面上有巨大的鲸和珍稀的海豚。或者，你还可以离开热闹的城区走向更远的远方，去探寻大西洋岸边峭壁耸立、岩石嶙峋的奇异景色。游览亚速尔群岛，不难发现，这里是欧洲为数不多的保持原汁原味的地方，它分分秒秒都可以带给游客十足的新鲜感。

在亚速尔群岛，也许生活是一成不变的，但却最靠近生活的本质。有人会在火山公园中悠闲地漫步，体验住在堡垒中的感受。值得一说的是这里的火山岛屿，不仅有着神秘的色彩，更有着迷人的风景和丰富的世界遗产，当人们踏上这片大西洋中的净土时，便仿若走进了世外桃源，烦恼自然而散，心情顿时舒畅而开阔。

在亚速尔群岛，这里的每一座小岛都有自己的特色，古雅小镇、矿石温泉、岩石迷宫以及出海赏鲸。慕名而来的游客，可以从热闹绵长的海岸线，到惊喜壮阔的松崖落日；也可以从鬼斧神工的海滩景观，到孤山中的冉冉星光；可以从安静悠然的小镇，到文艺精致的小城；

[登山公路]

火山是亚速尔群岛的灵魂。这组群岛位于欧亚大陆和非洲板块的交界处，地质活动异常活跃。正是因为年轻，喷发形成的陡峭的火山岩尚未被岁月磨掉棱角，所以圣米格尔岛的地势变化莫测，诡异奇幻。

[HORTA 码头壁画]

没有人知道第一幅壁画产生的具体年代，大概是在 1950—1960，一艘远洋来的大船，经历千辛万苦，终于抵达了这里。为了纪念他们的大功告成，水手们或是海军们留下了纪念的壁画。后来的人，希望自己能像之前的人一样幸运，于是也模仿他们，留下壁画，希望能延续他们的好运。

也可以从断壁残垣的历史遗迹，到繁华丰富的现代文明。游历葡萄牙的亚速尔群岛，是在夏季天气里慢品一番解暑的美景。

虽然亚速尔群岛的历史从 15 世纪起葡萄牙占领这片土地时就开始了，但亚速尔群岛却是欧洲最落后的区域之一。时间在此变得很慢很慢，勤劳的鱼贩仍然用扁担挑着水桶，这里的牛羊和马车在街头横行而过……不过，这里的旅游服务格外发达，你可以选择徒步、骑马、自行车、潜水、冲浪、钓鱼等各项运动。到此的旅行者会记录这些时刻：“嬗变正在发生，这里正在苏醒。”

蓬塔德尔加达港，在 17 世纪和 18 世纪期间，开始出现一些修道院、教堂和庄园，这些建筑如今已构成其历史的象征。

邂逅西班牙的浪漫情怀

巴利阿里群岛

在欧洲南部，有一颗明珠一般的岛屿，散落在幽蓝地中海的最西端，海湾边，山脚下，半山腰，凡是目之所及的美景，亲身享受的奢华，都是上帝给予的完美馈赠。这座阳光明媚的群岛凭借其美丽的风景广受赞誉，这里就是海滩度假胜地——西班牙巴利阿里群岛。

所属国家：西班牙
语　　种：西班牙语
推荐去处：伊比萨岛
　　　　　梅诺卡岛
　　　　　马略卡岛
　　　　　…

西班牙地中海中的巴利阿里群岛，位于南欧和北非苍穹之间，由三座大岛屿（马略卡、梅诺卡和伊比萨）和两座小岛（福门特拉和卡布雷拉），以及散布在四周的零星小岛组成。巴利阿里群岛上气候温和，岛上到处是数不尽的漂亮小海湾，松林以及地中海植被遍布的自然保护区。海水清澈透明，无数的海湾就如私人泳池，吸引了世界各地无数热爱自然和海滩的游人们。

似乎沾染了地中海味道的巴利阿里群岛处处流露着假期的诱惑，这里有宜人的气候，有迷人的风光，有美味的食物；这里的天空蔚蓝如洗，湛蓝云朵被地中海的和风吹散成一张薄薄的轻纱。万里碧空下是一排排低低的房屋，白墙映照着灿烂却不刺眼的阳光，如梦如幻；这里的小海湾和海滩相辅相成，形成一处处迷人的度假中心，而隐藏在各岛屿内陆地区的景点也以其特殊的魅力吸引着数不胜数的游客。

伊比萨地处西班牙巴利阿里群岛链中，伊比萨（Ibiza）的字面意义就是音乐、舞蹈和狂欢。它有着各种各样诱人的标签：旅行者的终极目的地、电子音乐圣地、Chill Out 音乐发源地、狂热派对爱好者的朝圣天堂。

如果提到地中海上的绝美小岛，你的第一反应是希腊的话，那就 out 了。巴利阿里群岛上的景致也是浪漫、甜蜜、无法比拟的。这是一座宁静之岛，男人从不匆忙、女人永不衰老，终日阳光灿烂，就连月亮也是缓缓升起，迟迟移动。这里拥有蜿蜒连绵的海岸及众多迷人的港湾与沙滩，是西班牙人休闲度假的后花园；这里还有深深的峡谷、湿地、盐沼、山坡上满眼苍翠，这里的美景再怎样形容也不过分，这里直通大海，可以轻易实现你面朝大海、以水为伴的梦想！

巴利阿里群岛常被人们称为“离天堂最近的地方”，在这座宁静、温和的海岛上，可以很好地平衡种种欲望。住在旅馆，清晨推开房门，新鲜的空气扑面而来，地中海和乡村美景也随即映入眼帘。阳光透过湛蓝的天空和如洗的白云洒落下来。你可以迎着朝阳做瑜伽，或是在露台享受早餐，何等惬意。

而事实上，与水为伴最好的方式是乘帆船或游艇环岛，沿途风光旖旎，美景变幻不断，伴着公路两边壮观的海景，饱览整座岛屿的迷人景致，沿着海岸线前行，惬意无比。绿树、沙丘、海滩、海水，面朝大海，海风淡淡地轻柔地温暖地包围着你，好好享受属于自己的静谧时光吧！

梅诺卡岛是巴利阿里群岛的第二大岛，首府为马翁。梅诺卡岛拥有丰富的考古遗迹，堪称一座露天博物馆。船形的史前墓葬、T字形巨石遗迹和巨石碑都是当地独有的，其中T字形巨石的象征寓意至今无人能猜透。

岛屿上的建筑分为两种截然不同的风格，一类是典型的地中海式纯白色房屋，另一类是英国殖民者带来的英国式建筑。

梅诺卡岛地势平缓，但海岸往往陡峭高峻。北部的沙滩上布满鹅卵石和红褐色细沙，南部海岸分布着座座峡谷，生活着许多独特的动植物。

伊比萨是众多明星名流的出没地：几年前夏奇拉与杰拉德·皮克的恋情在这座西班牙小岛曝光；之前奥兰多·布鲁姆对贾斯汀·比伯大打出手也是此地，梁咏琪在伊比萨举行婚礼，陈柏霖送给自己的30岁生日大礼就是来这里度假12天。

伊比萨最著名的Club之一Amnesia的泡沫派对。早前足球明星马里奥·巴洛特利和帕丽斯·希尔顿还在此地传过绯闻。

[码头灯塔]

[马翁教堂]

梅诺卡的大教堂是在梅诺卡城大清真寺的原址上修筑起来的，而过去的老清真寺只有已被改建为钟楼的尖塔保留了下来。加泰罗尼亚哥特风格的大教堂拥有一座宽敞的殿堂和六个小礼拜堂。

Africa Articles

3 非洲篇

非洲最神秘的海岛

索科特拉岛

坐在沙丘上往海里看蓝天、白云、银沙，大风能把海里的沙堆成了山。清澈的海水如仙境一般真是美不胜收，这就是大自然的神奇。

所属国家：也门
语　　种：英语
推荐去处：哈迪布
…

索科特拉岛位于阿拉伯海与印度洋的交接处，是印度洋通向红海和东非的海上交通要道，岛状呈卵形，面积相当于香港的3.5倍，它不仅是也门第一大岛，也是阿拉伯世界第一大岛，它是连接亚、非、欧三大洲的海上生命线，战略位置极为重要。

索科特拉岛至今仍是一座未被开发的荒岛，被人们称为“印度洋上的处女岛”。由于该岛是连接东西方的海上交通要道，岛上生产珍贵药材，自古以来，它一直是不同历史时代的列强所垂涎的地方。与此同时，索科特拉岛也被誉为“地球上的外星世界”。这里生长着许多奇怪的动植物，这里不仅有长得很像UFO的龙血树、神秘的沙漠玫瑰及几百种在世界各地无法看到的独有物种。还有绝美的沙滩海岸，以及在茅屋里生活的神秘的贝都因人。有人称它是“一座梦幻般的冒险家乐园”，它就像是电影《侏罗纪公园》和《星球大战》里的拍摄的一般迷人。

在这个接近原始的地方，你可以体味不一样的美，这种美，会让每个旅行者震撼。

[索科特拉岛奇异树]

这座群岛上有大量不同种类的植物和动物：索科特拉岛上825种植物中有37%的植物、90%的爬虫动物和95%的蜗牛品种都是世界其他地方见所未见的。

皇室的蜜月天堂

塞舌尔

在刘胡铁的歌曲《从前慢》中，有一句这样的歌词：“从前的日色变得慢，车、马、邮件都慢，一生只够爱一个人。”在遥远的非洲，处处都是如此“慢”的生活，原始的部族、纯粹的美景，在这里，总能让渴望体验原始生活的人获得他们想要的美景。

马克·吐温曾说：“上帝是先创造了毛里求斯，然后按照他的样子才创造了伊甸园”，但塞舌尔人绝不会同意这句话中的观点，他们甚至会告诉你，“上帝是照着塞舌尔的样子才创造了毛里求斯”，或许你会以为他们自大，但当你知道它曾在世界十大旅游区评选中排名第三，知道威廉王子与凯特王妃曾经选择在这里度过他们的蜜月旅行，你或许就会对这个低调的小岛产生一丝丝的好奇。

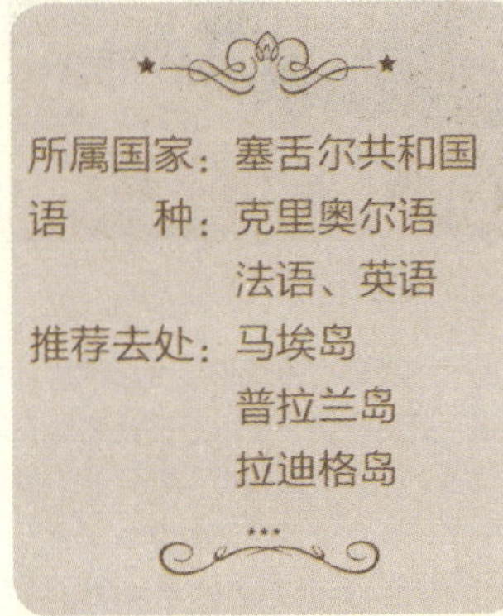

所属国家：塞舌尔共和国
语　　种：克里奥尔语
　　　　　法语、英语
推荐去处：马埃岛
　　　　　普拉兰岛
　　　　　拉迪格岛
　　　　　…

塞舌尔位于赤道南端的印度洋上，全境由 115 个珊瑚岛礁组成，被称为“旅游者天堂”。它隶属于非洲却又与广袤的非洲大陆隔海相望，就像一个遗世独立的世外仙人睥睨着世间的一切。塞舌尔与毛里求斯、马尔代夫一起被称为印度洋上的三大明珠。塞舌尔境内风景优美，这里 50% 以上

[塞舌尔风景]

地区被开辟为自然保护区，有着最原始的、未被破坏的自然风光。

塞舌尔国花

塞舌尔由马埃岛、普拉兰岛、拉迪格岛三个大岛和众多小岛组成。马埃岛是塞舌尔群岛中最大的岛屿。塞舌尔岛上 90% 的人口都会集在这里，岛上密布着 65 处美丽的海滩。沙滩平坦宽阔，水清沙白，是世界上进行日光浴、海水浴的理想浴场。

在普拉兰岛的国家植物园中汇集了全岛最名贵的植物，这里在 1983 年曾被联合国教科文组织遴选为世界自然遗产。高耸的阔叶林、世间罕见的兜树和兰花以及奇异的瓶子草等都会让你瞠目结舌，但这里最名贵的要算是海椰树。塞舌尔群岛被称为海椰树的故乡，它是世界上唯一保存有 4000 多棵海椰树林的地方。海椰树是世界三大珍稀植物之一，只有在塞舌尔群岛才能存活，它的果实海椰子被称为性爱圣果，是世界上最让人脸红的食物。传说中亚当和夏娃偷吃的禁果就是海椰子。

《艾曼纽》海报

拉迪格岛上的德阿让海滩是欧洲情色影片《艾曼纽》的外景地，所以德阿让海滩在欧洲小有名气，当时为拍摄电影搭建的栈桥至今依然存在。拉迪格岛是塞舌尔第三大岛，因为它的原始被列入人生必去的 50 个地方。

拉迪格岛是塞舌尔群岛的第三大岛，它曾被《国家地理》杂志列入 50 个“一生必游之地”之一。拉迪格岛的岛国风情主要集中在西海岸，而东边仍然很少有人类的足迹。这里保留着最原生态的风貌以及古老的交通方式，从诗情画意的拉帕斯海港到神圣的联合庄园，从古老的克里奥房子到椰子加工厂，这一切都会勾起我们对过往生活的回忆。除此之外，这里的海滩也是世界之冠，拉迪格岛的海滩几乎都是世界上最优质的沙滩，岛

[塞舌尔拉迪格岛热带风情]

[可可斯海滩]

可可斯海滩是拉迪格岛东南部三连滩最靠东北的那个，三连滩是拉迪格岛的精华，民间评价的最美沙滩。可可斯山路崎岖，最为原始，海浪也是最大的，路途遥远，人迹罕至。

拉迪格岛是塞舌尔第三大岛，由于极好的原始生态而被列入人生必去的 50 个地方。岛上有很多法式风情的民宿，充满了浓郁的生活气息。

拉迪格岛位于塞舌尔的最东边，直面印度洋，所以绵延近 2 千米的海滩风大浪高，不太适合下水。这一片海滩比较原始，只能徒步到达，到达海边之前还要穿越一片茂密的树林，总路程约 15 分钟。

上的德阿让海滩曾是世界上被拍摄次数最多的海滩之一，2011 年，它曾被《国家地理杂志》评为“世界十大最美海滩”之首。

塞舌尔群岛每一个小岛都有自己的特点。弗雷加特岛上有着无数的昆虫，被称为“昆虫的世界”。伊格小岛盛产斑斓夺目的各类贝壳，美不胜收。以“蛋”闻名的“蛋岛”面积仅 0.4 平方千米，每年都有数以百计的海鸥在这里产下 400 多万枚蛋，孔森岛被称为“鸟雀天堂”，而在阿尔达布拉岛上，则有无数的海龟，十分壮观。

塞舌尔粉红色的花岗岩、银白色的沙滩、遍布群岛的栀子花与山茶花就是上帝给予塞舌尔的最慷慨馈赠，依托于原始的自然景观与淳朴的海岛民风，塞舌尔一直以来被誉为皇室的蜜月天堂，当阳光透过棕榈树的缝隙打过来，你可以仰望湛蓝色的无瑕天空，远眺深蓝色的荡漾碧波，这一切的自然美景，都会让你心旷神怡。

塞舌尔在文化上具有很强的包容性，首先是在宗教上，塞舌尔人既有罗马天主教的信徒，也有信奉英国圣公会教以及其他的教派的市民。在艺术上，塞舌尔的音乐具有极强的混杂性，在这里，你既可以听到美国的乡村音乐，也能够听到非洲的部落音乐，文化形式十分多样。

相对于开发后人山人海的马尔代夫和喧嚣热闹的毛里求斯，塞舌尔则显得十分安宁僻静，但正是这种僻静，为它带来了无上的赞誉。

[阿尔达布拉象龟]

阿尔达布拉象龟是塞舌尔标志性的动物，在阿尔达布拉有专门的象龟农村，它是前往德阿让海滩的必经之路，由此也使德阿让成了塞舌尔唯一收费的海滩。象龟能适应人工养殖的环境，任何植物类食物都能接受，个性温和。这里饲养了许多象龟，可以近距离观赏、抚摸和拍照。

阿尔达布拉象龟在 18—19 世纪间大量灭绝而只剩下唯一的阿尔达布拉种。这也是第一只受国际保护的陆龟，也是世界上最大最长寿的陆龟。

一半是海水，一半是火焰

留尼汪岛

从壮观的活火山群到金黄的海岸线，从令人震撼的熔岩地貌到绵延数百里的群山，从平原到高山，留尼汪这个偏居一隅的小岛用它独有的风情绽放着别样的美，有人用“一半是海水，一半是火焰”形容留尼汪，这确实一点也不为过。

所属国家：法国
语　　种：法语
推荐去处：富尔奈斯火山
…

2015 年，马航 MH370 客机的残骸在印度洋的一个叫留尼汪的小岛上被找到，在关注客机残骸的同时，人们也纷纷将目光投向留尼汪这个此前并不知名的小岛。也许是无心插柳柳成荫，留尼汪从此吸引了一波波的游客，但无可否认，留尼汪的确是一个未被发掘的度假天堂，这里有活跃的火山，有世界自然遗产，有为人称道的海景、冰斗、瀑布、黑沙滩和热带森林。

留尼汪是法国的一个海外省，面积约2500平方千米，人口 80 多万，但距离法国大陆却有 1 万多千米，也许正是因为距法国太过遥远，连许多法国人也不知道留尼汪在哪儿。留尼汪是印度洋马斯克林群岛中的一个火山岛，靠近非洲大陆东南端，西距马达加斯加 650 千米，东北距毛里求斯约 190 千米。

[马哈巴德拉卡里印度寺庙]

这座色彩丰富的印度教寺庙供奉湿婆，昔日被称为“水手礼拜堂”。异域风情中透出虔诚的信仰，是探访人文风貌的重要一站。

留尼汪岛诞生于几百万年前的火山喷发，同时，它也造就了岛上惊艳的自然风光。在这里，沿着海岸绵长的沙滩散步，你可以领略到奔放浓郁的热带风情。埃唐萨莱黑沙滩是世间少有的黑色沙滩，那雕刻着历史痕迹的玄武岩和成片的木麻黄属植物构成了一片和谐美丽的世界，西海岸的珊瑚礁生物的多样性也时常让人惊叹。除此之外，你还可以观赏火山，至今仍处于活跃期的富尔奈斯火山，让这片土地肥沃而富有生机，孕育了高海

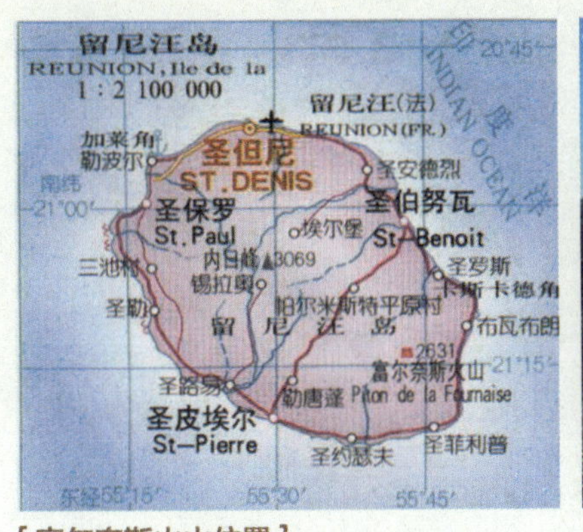

[富尔奈斯火山位置]

拔地区无数的稀有动植物。

富尔奈斯火山是留尼汪岛最著名的景点，在通往火山的道路，可以观赏到海洋的壮丽景致、高地绿野悠闲的奶牛群，葱茏茂盛的高原牧场。顺山盘旋而上，可以感受到层次变化丰富的温带山林景观。在山地中耸立着印度洋上的最高峰，也分布着火山喷发后形成的独特沉陷风蚀地貌——“冰斗”。2010 年，留尼汪的“山峰、冰斗和峭壁”被列入世界自然遗产。遗址内，火山峰、峭壁与壮观的冰斗与被森林覆盖着的峡谷与盆地相互呼应，形成一幅壮阔的景观。

锡拉奥冰斗是留尼汪岛三大冰斗中最为美丽的一个，从 19 世纪起，这里的温泉就已闻名遐迩。这里令人震撼的地势以及湍急的河流令它成为户外运动的天堂，游客可以选择远足、攀岩或者山地自行车，在这里，

[富尔奈斯火山]

公园的警示牌告诫人们上次喷发时间。

[富尔奈斯火山喷发形成的特殊地貌]

几百万年前，一座火山从海洋中跃然而出。之后火山进入活跃期，火光定期从富尔奈斯火山喷发而出，这座活火山是法国的第一座火山。

锡拉奥冰斗：有着令人震撼的地势以及众多的湍流也令它成为户外运动的天堂，远足、溪降、攀岩或者山地自行车，总能找到适合自己的玩法。

玛法特冰斗：只能步行或乘坐直升机抵达。

萨拉济冰斗：这座大自然的圣殿坐拥千条瀑布浇灌的翠绿花园，蓊郁的植被、巍峨的地势以及号称“法国最美小镇”的地狱堡。

[海边佛陀]

克里奥尔人这个名称是指在殖民地出生的欧洲后裔，但更多的是用来指所有属于加勒比文化的人民，不论其阶级，也不论其祖先是欧洲人、非洲人、亚洲人，还是印第安人。

总能找到适合自己的玩法。

毫不夸张地说，这是一片极富有诗意、被户外旅行者奉为“绝世天堂”理想国。这里超过 40% 的面积被联合国教科文组织列为世界遗产，是法国第三处享此殊荣的上帝之作。

民族多样性是留尼汪岛最鲜明的特征，这里的居民来自非洲、印度、中国、欧洲等地区，这里光华人就有 3 万 ~ 4 万名。据说，130 多年，第一批华人跋山涉水来到了这里。尽管种族多元，但这里却十分尊重各种族间的差别。

在留尼汪，不管是华人还是印度人或是欧洲人，他们都只认同一个身份，那就是克里奥尔。这是一种强烈的身份认同，但却从尊重的根源中汲取养分，并不断发展。

在这里，这座岛屿以和谐相处为骄傲，因此在经常发生种族和宗教冲突的各国家，留尼汪岛绝对与众不同，在探索岛屿的过程中，如果你看到了基督教堂、泰米尔寺或是穆斯林清真寺，请不要奇怪。留尼汪全年都以尊重的态度庆祝不同群体的节日，印度人的蹈火仪式或者排灯节、中国华人的关帝节、伊斯兰新年在这里都被过得十分隆重。人种的混居必然带来文化的交融，在留尼汪体验得淋漓尽致，拥有不同宗教、习俗、技艺的不同族群为留尼汪岛的生活带来包容与尊重的价值观念。那些奇妙的风俗习惯，让人惊叹不已。

如果要找一个小岛，孤独终老，留尼汪绝对适合你。

[留尼汪岛关帝庙]

在这个印度洋小岛留尼汪岛上竟然生活了三万多华人，占全岛人口的 4% 左右。典型的中国装饰及房屋风格的关帝庙坐落于唐人街上。

童话里的王国

马达加斯加

好莱坞著名动画片《马达加斯加》记载了一群厌倦了纽约中央公园的动物们逃往故乡非洲的冒险故事，它们经过无数的曲折与困难，终于回到了梦想中的故乡——马达加斯加。每个旅行者心中都有一座小岛，它的美丽宁静、古朴简单、没有金钱的污染，没有权利的争斗，这里只有蓝天白云般的清澈，就像一座被时间遗忘的孤岛。马达加斯加就是这样一座被时间遗忘的孤岛。

亿万年前，一块陆地悄悄地“告别”了广袤的非洲大陆，独自漂浮在广袤的印度洋上，至今，它仍然孤悬于非洲大陆之外，它就是被称为“印度洋绿宝石”的马达加斯加。

马达加斯加岛位于非洲大陆的东南部，印度洋的西南面，隔莫桑比克海峡与非洲大陆遥遥相望，它是非洲第一、世界第四大的岛屿。沿岸马达加斯加暖流流经，于是形成马达加斯加岛东部终年湿热的热带雨林气候，就是在这种气候下，阳光和沙滩配合得十分默契。这里的海岸线长约5000千米，小溪、海湾、珊瑚礁和海滩总会让你情不自禁地想去漫步，去捕鱼、航海、深海潜水或冲浪。

所属国家：马达加斯加共和国

语　　种：法语、马达加斯加语

推荐去处：穆隆达瓦

…

在纽约中央公园，生活着——狮子亚利克斯、斑马马蒂、长颈鹿麦尔曼以及胖河马格洛丽亚。电影就讲述了它们多彩的生活及遇到的各种故事。

电影［马达加斯加1］

电影［马达加斯加2］

电影［马达加斯加3］

马达加斯加是冲浪爱好者的天堂。福特多菲和维那尼巴的海浪最为漂亮，拉瓦诺诺曾经还举办过世界比赛。

在这里，除了可以享受蓝天、碧海、阳光、沙滩之外，还可以和动植物亲密接触，领略独具个性的非洲风情。那原始的野生动物群与臻美的岛国风光，让人陶醉其中，难以自拔。

伊萨鲁国家地质公园位于首都西南约800千米，其特色在于其形成于侏罗纪时期的独特地貌，因为地形复杂多变，而且对地壳运动有着极为重要的研究意义，所以被称之为地质公园。

在还未降落的时候，可以在马达加斯加岛的上空清楚地发现，这一片葱绿和橘红，在辽阔的印度洋上格外打眼。那橘红色的泥土马路来回交错地分割着一片片葱绿的树林。这里没有高速公路和摩天大厦，稀疏的居民区散落在梯田的间隙里，这里的人过着让世人羡煞的日出而作、日落而息的逍遥生活。

伊萨鲁芦荟、长春花和翼萼茶等都是马达加斯加特有的植物。

马达加斯加是每个摄影发烧友都憧憬的国家。在这里，不仅有茂密的原始森林，还有1亿多年前形成的侏罗纪地貌，原始的自然生态，保存完好的野生动物，以及热带岛国的美丽风光，每年都吸引世界各地的游客蜂拥而至。6500万年前，一颗小行星撞击向墨西哥的尤卡坦半岛，当时的世界霸主——恐龙因此而灭绝，但马达加斯加却受到了上天的眷顾，许多史前的珍稀物种如狐

[伊萨鲁国家地质公园]

伊萨鲁国家地质公园是欣赏大自然雕琢刻的场所，到处充满嶙峋怪石和高饱和度的色彩，一切都处于原生状态，散发着荒野之美，难怪这里被誉为马岛第一地质公园。据当地人说“ish-ah-loo”是当地一种特有植物的马达加斯加文发音，指的是一种低矮的像柳枝一样随风舞动的植物。

猴、变色龙、猴面包树都保存了下来。因此，这不仅是上帝创造的“诺亚方舟”，更是摄影人的又一个“天堂”。

马达加斯加的穆隆达瓦是猴面包树的家乡。红树群和泻湖是这里最驰名的地方，享有盛名的细沙海滩和撑着带平衡杆的双桅帆船也让许多旅行者流连忘返。这里集中了整个岛上最多品种的猴面包树，它们构成了西部稀树草原一道亮丽的风景线，是自然造物留给世人的一个个惊叹号。

在马达加斯加周围，分布有科摩罗群岛和塞舌尔群岛、毛里求斯岛、留尼汪岛以及属于本国领土的大小岛屿，其中有西北部的诺西贝岛和东部的圣马里岛。

马达加斯加是一个既有法国式的情怀，又承接了东南亚的异域特色，同时还融合了非洲本土风情的一个多风俗的国度。与非洲大陆的原始草原不同，这里有着许多的高原地貌，同时，它也不同于非洲原始丛林，热带雨林景致让这里熠熠生辉。

在这里，犹如到了世界尽头，可见到外界没有的物种——仿佛倒种在地上的猴面包树、活泼似精灵的狐猴；也可以深入海岛来一回不同寻常的体验——乘小型直升机观看洄游的座头鲸群，在圣玛丽角寻一颗象鸟蛋；或者进入马达加斯加人家，下一盘马岛独有的“孤独棋”，穿一次传统服饰“拉姆巴”，体验一次当地独有的萨维卡斗牛赛……

这就是马达加斯加，这里拥有最原始的文化、最原始的部族以及最原始的让你心旷神怡的感觉。

翻尸节，顾名思义，就是将死者的尸体从墓穴中挖出来，给死者翻翻身的意思。这是马达加斯加人特有的一种表示对已故死者的怀念和尊重的风俗，因为在马达加斯加人的观念里觉得把尸体重新处理，可以让生者有再一次直接祭拜死者的机会，以祈求先人的庇佑。

[猴面包树]

猴面包树作为这个地球上古老而独特的树种之一，马达加斯加岛集中了最典型的 7 个不同品种的猴面包树（全球只有 8 种），该岛上的猴面包树还以高大粗壮、造型奇特出名，它们构成了西部稀树草原一道壮丽的风景线，是自然造物留给世人的一个个惊叹号。

[马达加斯加猴子]

马达加斯加拥有众多奇特生物，80% 以上的野生动植物都是该岛独有，生物多样性极其丰富，成为许多濒危物种最后的家园，所以马达加斯加又被称为“最后的诺亚方舟”。

天堂的故乡

毛里求斯

“毛里求斯是天堂的故乡，因为天堂是仿照毛里求斯这个小岛而打造出来的。”马克·吐温曾在一篇文章中这样形容毛里求斯，从此，这个小岛便被赋予了“天堂的故乡”的美名。近几十年来，毛里求斯已经凭借旅游业一跃成为了非洲最富饶的地方。在这里，既能感受到工业化带来的强烈视觉冲击，还能一睹古老部族原始风采，这种强烈的对比，给予人除了审美的享受，更多的还有心灵的震撼。

所属国家：毛里求斯共和国
语　　种：英语、法语
推荐去处：庞普勒穆斯
　　　　　皇家植物园
　　　　　黑山河瀑布
　　　　　…

毛里求斯位于非洲大陆的东海岸，距离马达加斯加仅800千米，它拥有世界上最性感的沙滩、最美丽的珊瑚礁、最让人叹为观止的皇家动物园，它也是世界上唯一有过渡渡鸟的地方，尽管它已经绝种，但还是能在这里的博物馆里，发觉到它的踪迹。当然，最纯净的美的体验才是这里每年都有近百万游客选择的理由。

毛里求斯有连绵的山脉、河流、溪涧和瀑布，还有七色土丘陵、圣水湖印度教寺庙。在毛里求斯，坐船出一趟海也是绝对值得的，或者，可以更加俗气一点地说，没有见到毛里求斯的海，就不算来过毛里求斯。毕竟，毛里求斯的海，美得就像一个传奇。受地质的影响，毛里求斯的海水晶莹剔透，层次比较分明，在近处，碧绿色海水通透明亮，像一颗闪闪发亮的水晶，而在稍远些的地方，海水由湛蓝逐渐变成深蓝，与天空的颜色浑然一体，让人会不自觉地产生一种徜徉在天际的错觉。

在毛里求斯，珊瑚礁可以说是为其招揽游客的一大法宝。当潜艇行驶到深处时，可以透过船底的玻璃看到

[已经灭绝的渡渡鸟]

渡渡鸟是一种巨型鸟类，体长100～110厘米，和火鸡的大小差不多。它的外形有点像鸽子，但颈部较短，嘴尖钩曲，尾羽卷曲。身躯臃肿，翅膀退化，善于奔走，不能飞翔。性格温顺而笨拙，栖息于林地中。叫声似“渡渡”。

海底形状各异的珊瑚。它们颜色形状各异，一簇簇地成群结队地生长着。活珊瑚看上去晶莹剔透，如果细细地观察，可以发现它们正在慢慢移动，像画一样时而开放、时而闭合，姿态异常优美。而在珊瑚丛林里游弋的热带鱼，都自由自在地在水里摆动着身体，当阳光透过碧波，照射在那五彩的鳞片上，让人仿佛置身一座天然的水族馆。这些场景，使人眼花缭乱，叹为观止。

毛里求斯的沙滩是另一道绝佳风景，如果不是亲眼目睹，人们也许想不到世界上竟然有粉色的沙滩，由于远离古海岸带，海浪很难把海底松散物质带到珊瑚岛上，而珊瑚岛本身的土壤并未发育，因此，珊瑚岛上的沙滩在海浪的反复冲洗下，沙滩通常呈现出白色，但在毛里求斯这种情况发生了变化，也许这就是上天的馈赠吧。正因为如此，它也被美国《新闻周刊》评选为世界上最性感的海滩。除了沙滩，这里有着难以言喻的唯美海岸线，游客可以在这里看着日出日落，在这片日夜守候着海天的度假天堂里，你可以和伴侣一起，享受着那些出乎意料又在情理之中的新鲜事带来的一些令人回忆的惊喜。

因此，在毛里求斯，最让人难以忘怀的还是这里的海岸风光，游客可以在极致浪漫的水屋酒店，或者躺在沙滩上晒个日光浴，当然，最好在身上涂满防晒霜，毕竟，只有来到了非洲，游客才能真正体会到与太阳抗争的滋味，但如果不介意，也可以敞开怀抱，去接受毛里求斯穿透大气层拥抱你的这份热情。这种慢节奏的生活，就是生活在毛里求斯最值得的事。

毛里求斯全岛的面积只有约 2702 平方千米，人口也不过 100 多万，但这里却拥有令人咂舌的多元文化。

如果只凭名字，你永远无法触摸到真实的毛里求斯。这个从名字上看未脱离原始气息的小岛，却能看到东西半球绝大多文化的身影。它有着非洲人的热烈奔放，骨子里却隐含着法国人的浪漫、英国人的优雅以及印度人

在 1505 年以前，毛里求斯岛上还是荒无人烟。

当葡萄牙人马斯克林登上该岛的时候，只见一群蝙蝠扑扑棱棱地飞起来，于是他干脆把小岛叫做“蝙蝠岛”。

1598 年，荷兰人来到这里，以莫里斯王子的名字给岛命名为“毛里求斯”。台湾现译成模里西斯。荷兰人统治了这里 100 多年。

1715 年，法国人占领了毛里求斯岛，改称它为“法兰西岛”。

100 多年以后，英国打败法国，将岛的名字又改回“毛里求斯”，并于 1814 年正式将岛划归为英国殖民地。

[湿婆神]

“伟大的 Shiva 之夜”，可以称得上是除印度本国以外，最重要的印度教传统节日了。节日时，数万名印度教信徒聚集在一个火山湖里沐浴 Shiva 神的雕像。

[毛里求斯朗姆酒]

朗姆酒也叫糖酒，是制糖业的一种副产品，它以蔗糖作原料，先制成糖蜜，然后再经发酵、蒸馏，最终提炼出 10% 就是朗姆酒。这种源自甘蔗的美酒是很多甜点的最佳拍档，它虽然香甜但属烈酒，后劲很强很容易喝醉。据说，新大陆的冒险家们，海盗们用它驱散寒气，扫尽孤独，战斗前会喝上几口壮胆，受了伤就洒上消毒，甚至还用它来顶替船员工资。

毛里求斯的城市具有浓厚的东方色彩，这与毛里求斯人口中 2/3 以上是印度、巴基斯坦人后裔有关，这里还有为数不少的华人。城市街道宽阔，两旁都是现代化的建筑及伊斯兰式房屋和古典欧洲式楼房。

[毛里求斯夏玛尔]

毛里求斯夏玛尔，拥有世界上最绚烂的“七色土”。这些彩土其实是火山喷发后的产物，由于含有铁、硫等不同的矿物质，再经过长时间的氧化，逐渐显出各种颜色，熔岩冷却后形成一个个波浪形的小山丘，太阳一照射便七色闪烁，十分迷人。最佳的观赏时段无疑是清晨与傍晚，感觉和新疆的魔鬼城异曲同工。

的妩媚。

当然，在落后小国，文化的多元性的塑造永远离不开资本主义的血腥贸易。毛里求斯曾经被一系列国家先后占领过。1638 年荷兰控制了毛里求斯，接着是法国，最后是英国，直到 1968 年，毛里求斯才获得独立。

因此，岛上 80% 的人口是早期移居者的后代，包括印度人、非洲人、法国人以及中国人遗民。多样的民族造就了毛里求斯丰富多样的文化，这些大都体现在当地食物、音乐上。

也许没有其他物件能够像食物一样简单扼要地概括出毛里求斯的多元特质。在毛里求斯，你几乎什么都能买到，也几乎什么都能吃到，在首都路易港繁忙的中心市场，每天都有来自各个地方的人们选购各类食材，从土豆到花生酱，从巧克力到烤肉，应有尽有。不管你来自东半球还是西半球，在毛里求斯的菜肴里，都能品尝到最熟悉的味道。

除此之外，毛里求斯的音乐也风格多样。音乐家们凭借骨子里的音乐元素，结合毛里求斯当地的风俗习惯，创造了一种全新的音乐样式——塞格加音乐，毛里求斯人会在音乐中尽情舞蹈，毫无束缚，也许，这就是多元文化下毛里求斯音乐的调性。

因此，在毛里求斯，你可以尽情舞蹈，和像烈日一样热情的毛里求斯人民一起，用最纯粹的姿态，去放空自己。你也可以在这里，考究工业化给这里带来的剧变与痕迹，追溯每一个民族在这里生根发芽前的原始状态。

在这里，你唯一需要做的，就是什么也不做。

这就是毛里求斯。

世界上最香的海岛

桑给巴尔岛

近年来，非洲海岛已经成为了越来越多中国旅行者的首选，原始的自然景观、神秘的民俗风情都让这个经济处于世界中下游的地区获得了越来越多旅行者的关注。在非洲，除了马达加斯加、毛里求斯外，还有一个隐秘的美丽小岛，它的名字叫桑给巴尔岛。

所属国家：坦桑尼亚
语　　种：英语
推荐去处：石头城
…

桑给巴尔位于坦桑尼亚东部，由安古迦岛和奔巴岛及周边的20余个小岛组成，在阿拉伯语中，“桑给巴尔”的意思为“黑人海岸”。在这个本该气候湿热的地区，桑给巴尔的气候却在海洋的调节下十分宜人。

作为世界上最美的岛屿之一，桑给巴尔像一颗璀璨的宝石镶在印度洋宁静的水面上。海滩、阳光是这个海岛的标配，但绝非这个海岛的所有。这里有全世界最为细腻的海滩。清晨，当太阳缓缓升起时，游客可以在海边悠闲地散步，踩着这柔软细腻的沙子，看绝美的海上日出。

桑给巴尔有“石头城”之誉。市区西部临海一带为古老的石城区，当年桑给巴尔帝国的石造城墙、塔形堡垒和原苏丹王宫珍奇宫至今犹存。

桑给巴尔的海水十分清澈，非常适合旅行者潜水，在这里能看到缤纷的海洋世界。桑给巴尔水域还时常有海豚出没，旅行者可以乘着小船出海，与海豚一起嬉戏追逐。

桑给巴尔盛产丁香与椰子，一直被称为“丁香之岛”。桑给巴尔拥有近200年的香料史，它曾是非洲最重要的香料转运中心，如今，这个小岛每年生产的丁香仍然占

[珍奇宫 建筑]

桑给巴尔曾经一直是东非奴隶的贸易中心。据说，珍奇宫四周共有40根高大的雕花圆柱，每根圆柱子的下面都活埋着60个黑人奴隶，当地有用活人祭祀的习俗，活埋奴隶也为了“趋吉避凶”。

[珍奇宫 宫门]

[珍奇宫 宫门]

世界市场的一半以上。在这里种植了超过450万株丁香树，除此之外，桑给巴尔还生长着一些著名的香料，如肉桂、小豆蔻、黑胡椒、肉豆蔻等。

桑给巴尔为什么会有如此之多的丁香呢？其实桑给巴尔并不是世代种植丁香，1832年，当时由于对木材的需求，桑给巴尔统治者驱使黑奴砍掉茂密的原始森林，种植了几百万棵丁香树和椰子树，因此才有了今天的“丁香之岛”。

除了香料闻名世界外，桑给巴尔的文化和艺术在非洲也具有极强的代表性，被列为联合国世界遗产之一的石头城更是整个非洲建筑史上的奇迹。

世界遗产委员会曾这样评价石头城：“石头城完好保留了古代的城镇建筑物及优美的城镇风光，城中还有许多精美的建筑物，反映了其别具特色的文化。这种文化是非洲、阿拉伯地区、印度和欧洲等地区的各种不同文化的汇集，这些文化在这里有机地融合在一起，而且持续发展长达1000年之久”。

除了沙滩、丁香和石头城等自然景观外，桑给巴尔岛上多元的文化也让人叹为观止，非洲传统黑人文化、伊斯兰文化及印度文化的混合，也是这里的一大特色。

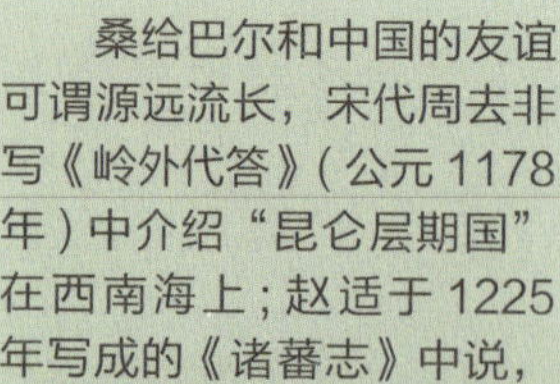

桑给巴尔和中国的友谊可谓源远流长，宋代周去非写《岭外代答》（公元1178年）中介绍“昆仑层期国”在西南海上；赵适于1225年写成的《诸蕃志》中说，“层拔国而接大山，其人民皆大食种落，遵大食教度。”与中国、印度、阿拉伯国家进行贸易。据《唐书》和《新唐书》所载，元和年间，曾有河陵国使者随带僧抵（桑给巴尔）人来到中国长安。宋代特别是南宋时期冲国与东非沿海各国的交往有了进一步的发展，层檀国（即桑给巴尔）曾两次派使节访问中国。

精灵的海岛

奇洛埃岛

探险作家戴维·勒菲弗曾经在《南方的孤独》一书中这样描写这座小岛："穿着油布衣的渔民，在退潮时拾起的贝壳，雨后的彩虹与洁净的天空，停靠在沙滩上的拖网渔船，巫师的故事，咸黄油……"这小说似的生活，在这个位于智利的海岛真真切切地存在着，这是一个隐匿的小岛，这里传承着一代又一代的居民，他们在向世界张开怀抱的同时，也保留着自己的鲜明特色，他们向世界展示着几十年前的布列塔尼的风情。

奇洛埃群岛位于智利的蒙特港，它是地球最西面的地方。这里拥有美丽的景色和神秘的传说，它是智利最大的岛屿，曾经被评为这里最美的海岛之一。在当地，一直流传着古老的女巫传说，热情好客的奇洛埃人会用这些传说中的神秘角色来刺激你的想象力。奇洛埃岛分为大、小奇洛埃岛，大奇洛埃岛是群岛中最大的岛屿，岛上已经建成了相对完善的观光点，村庄、教堂十分繁多。相对于大奇洛埃岛，小奇洛埃岛则荒僻得多，绵延的沙滩、雨林，呈现出一片原始的景色。

所属国家：智利
语　　种：西班牙语
推荐去处：天堂的跳板

每个初到奇洛埃群岛的旅行者都会情不自禁地被这里的美丽所吸引，绿色的大地，蓝色的海洋，美丽的白色沙滩都集中在这里。这里的天空蓝得透明，纯净的空气能让你在城市感受到无比的畅快。当强烈的阳光照射在这里洁白的沙滩上，当湿润的海风摇动起岸边的椰树，你一定会感到无比畅快。

去奇洛埃岛，不可错过 Curanto，它是一道传统菜肴，由海鲜、猪肉和土豆盖以大黄叶在热石表面蒸熟而成。

这个海岛保持着两种风貌，岛的一面朝大海，鲜少人烟；岛的另一面则朝着大陆，充满了田园风光。这里的人们都保留着自己的身份，他们大部分都是土著人与西班牙人的混血后代，1567 年西班牙人曾一度占领这里，直至 1826 年才归还智利，因此，在建筑风格上这里也

[蓝鲸]

科尔科瓦多湾和奇洛埃岛东南部已被国际科学界认定为南半球可观赏到最多蓝鲸的区域。据悉，在世界上所有的海域里，蓝鲸总数不超过3000头，然而，仅在这个海域，蓝鲸的数量就达到300头左右，赏鲸已扎根于智利的海滨，成为老少咸宜、不容错过的活动。

保持着西班牙的风格。在当地，还有一些木质结构的教堂，这其中有10余座教堂已被列入世界遗产名录。不管是颜色各异的新哥特式尖顶的卡斯特罗大教堂，还是当地简朴却又美丽的蓝白相间的教堂，无不体现着这里的混血文化。

在当地，有一座景观叫做天堂的跳板，这座景观诠释了这里神秘莫测的宗教文化。在当地人传下来的神话中，有这样一个故事：在大地的尽头，一个摆渡船夫每天都在这里等待着那些想要进入天堂的灵魂，然而，许多人都找不到船夫，为了帮助死者找到船夫，一位艺术家在这里建造了一条木头栈道，这条栈道直通船夫所在地，这在当地被称作“去天堂的跳板”。

除了天堂的跳板外，这里还流传着许多与宗教相关的故事，这里的宗教也体现着混血色彩，天主教与当地巫术进行了完美的融合，小妖、巫师、幽灵和美人鱼，这些看似荒诞的事物诠释了这座小岛的多样文化。

[印在邮票上的奇洛埃教堂]

奇洛埃教堂是拉丁美洲独特的木结构宗教建筑中的典范，起源于17～18世纪，整座教堂都是木头建造的，只有地基是石头的，外部装饰精美的一面总是面对街道，教堂外形多是长方形结构，外墙和内部两排木柱支撑着天花板的木椽。类似欧洲的教堂，这些教堂拥有鞍形屋顶，从教堂内部可以看见穹顶，只不过材料取自木头。在宗教建筑的历史上，古代的石头教堂是原始木头教堂的替代品，石头一块一块地被堆砌起来，像原来的一根根木柱一样。而在奇洛埃，这种情况倒过来了。进化论的创始人达尔文曾经在1834年到过这里，尽管他并不很关注建筑物，但他还是把这些木制教堂描述为“看上去像盒子一样”。

这是一个神秘的海岛，这是一个美丽的海岛，这是一个原始的海岛，这里，等着你去探索。

独享宁静

圣多美和普林西比岛

这个小岛拥有一种神奇的力量，在这里，人们不会为不必要的事忙得团团转，而会停下匆忙追赶行程的脚步。在这里，人们只想静下来悠闲地享受着宁静的快乐。这个不那么富饶的小岛，却能成为人们心灵的净土。

所属国家：圣多美和普林西比民主共和国
语　　种：英语
推荐去处：圣多美

这是一个孤悬在几内亚湾上，仅 17 万人口的袖珍海岛。该岛主要由圣多美岛和普林西比岛及附近的岛礁组成，圣多美岛和普林西比岛面向秀丽的恰维斯湾，四面环海，十分美丽。圣多美岛和普林西比岛都是火山岛，圣多美岛是首都，而普利西比岛主要是度假和旅游观光的地方，全岛居民只有 2000 多人。

这里的人们，仍然保持着传统的风俗习惯，充满了热带风情。这里有平缓美丽的沙滩，浪花飞溅的海岸礁石，在椰林轻摇的午后，人们可以在海滩上享受独属于这避世小岛的自然风光。独特的地理位置，优美的自然景观为这里提供了丰富的旅游资源，现今圣多美和普林西比岛已成为热带非洲著名的度假胜地之一。

这里的城市沿海而建，红墙白顶的小楼显得错落有致。由于地处赤道，一年有半年属于雨季，因此，这里气候湿润，终年青翠，为一美丽而幽静的花园城市。在街头和海滨还有不少公园，有舒适的海滨沙滩。

[航海家石雕像]

圣多美市内的“国家博物馆”是葡萄牙殖民者建于 15 世纪的圣塞巴斯蒂安古堡遗址，里面存放许多葡萄牙殖民时代遗物、产自中国的青花瓷器，还有一个海龟标本室。古堡外部有三尊发现圣多美和普林西比的葡萄牙航海家石雕像，部分面部五官被人为破坏缺失。

放逐在世外

拉穆岛

这里曾被称为“世界上最美丽的地方”，当地人把它叫做天堂。神秘而迷人的海洋风光，独具一格的民族风情，数不胜数的历史痕迹，各种文化相互杂交的建筑风格，在这里，你将一改对非洲的印象，这就是能让你逃脱俗世的拉穆岛。

所属国家：肯尼亚
语　　种：英语
推荐去处：拉穆古城

作为肯尼亚最古老的居住城镇，拉穆岛有一个丰富而灿烂的历史。这个镇是从索马里到莫桑比克这些斯瓦西里最原始的殖民地中之一。从葡萄牙入侵到后来17世纪的阿曼统治，它一直是一个繁荣的港口城市。直到20世纪初拉穆岛的经济一直是以奴隶为基础。当1907年奴隶制取消以后，这个岛的经济受到很大的冲击。直到近年来随着游客的进入才使它的经济获得了新生。

拉穆岛位于肯尼亚的东北部，它由七座岛屿组成。这里有着独特的自然美景、白色粉末的细沙、繁茂的热带植物和水晶般清澈透明的海水。这是一个与世无争的热带岛屿，偏居一隅的它从来没有像马达加斯加、留尼汪一样受到旅行者的簇拥，但就是这种低调，让拉穆岛仍然保持原始的风俗习惯，现在的拉穆岛以“驴岛”闻名于世，这个岛上唯一的交通工具就是驴子，岛上有可以拉货的驴子约6000头。

在拉穆岛，岛民的生活几百年来似乎没有什么变化，但这里的历史却像石头城里弯弯曲曲的街道一般神秘而又迷人。据传，拉穆城建于14世纪斯瓦希里人的迁徙时期，随后，葡萄牙人、中国商人、阿拉伯人也均在此留下印记。由于人口迁徙，东西方多种文化的在拉穆岛的建筑上烙下了深刻的痕迹，拉穆城至今基本保持古时风貌。东西方多种文化的融合在拉穆城的建筑上表现得淋漓尽致，这里的建筑是斯瓦希里和阿拉伯风格的综合体，即便是白人建造的房屋也遵循着同一风格。

拉穆岛可以分为北部和南部两个部分。北部是一个宁静海边小镇，而在南方的是拉穆古城，两个景点十分接近，步行只需45分钟，乘船则更为便捷。拉穆岛上的伊斯兰风情很浓郁，拉穆古城也是最能代表肯尼亚乃至整个非洲历史的地方。

拉穆古城是整个东非最古老、保存最好的东非斯瓦希里民居，精致的商铺、赶集的驴车，穆斯林的祷告声从狭窄蜿蜒的小巷中响起，这一切几乎就像回到了一个古老的8世纪港口小镇。

拉穆古城现已被联合国教科文组织列入世界遗产名录。古城中的建筑多由珊瑚石和红树林的木材建成，风格十分简单但是结构却非常复杂，每个房子都有内部庭院、阳台、精心雕刻的木门等。从19世纪开始，拉穆人就开始举办大型的穆斯林宗教节日庆典，因此这里也是研究学习伊斯兰教和斯瓦西里文化的重要文化中心。

观赏海岸边美丽的海洋景观，风格独特的历史建筑，感受到各种历史文化的交错，体会回到港口小镇的悠然自得，拉穆岛是人们来非洲旅游时不可错过的风景。

[拉穆古城：小巷]

[拉穆古城：建筑]

[拉穆古城：利雅得清真寺]

拉穆港口边矗立着几个世纪前的大炮，手工艺人们在一凿一凿地雕琢木门。数百年来，岛上唯一的交通工具就是驴。出岛、进岛如果不是骑驴就要乘船。狭窄曲折的街道只能供步行者或者驴子来往。

拉穆古看起来像是一个在几乎停滞不前的地方。经过了几百年的时间，它的物理外貌及特征变化很小。狭窄曲折的街道只能供步行者或者是驴子来往。人口几乎全是伊斯兰教徒。男人们仍然穿着长袍，女人像其他伊斯兰教徒一样用黑边布把自己包裹得严严实实。在20世纪70年代初期，拉穆古城因为它的异国情调、偏僻和沉寂而出名。

密克罗尼西亚的花园

波纳佩岛

这是世界上未被开垦的一片处女地，堪称世界一流岛屿的典范，在这里，到处是自然的原色，湛蓝的天空、洁白的云彩、碧绿的海洋和金色的沙滩，这里就像天堂一般宁静圣洁，让每个踏足的旅行者都有一种置身仙境的错觉。

所属国家：密克罗尼西亚联邦
语　　种：英语
推荐去处：兰马多废城遗址
…

波纳佩岛是西太平洋上一座被珊瑚覆盖的火山岛，它也是密克罗尼西亚联邦最大、海拔最高的一座岛屿，波纳佩岛于1501年为葡萄牙航海家诺瓦于耶稣升天日发现，但直到1815年才有人居住，在波纳佩岛的周围，围绕着许多的堡礁，这里四季阳光充足、降水量大，并环绕着40余条河流，土壤十分肥沃，热带植物十分繁茂，沿岸有着大片的红树林沼泽，而在中央山地生长雨林，呈现出一派典型的热带风情及自然景色。因此，它也被称为密克罗尼西亚联邦的花园。

波纳佩岛的四周被一圈圈长达25千米的珊瑚堤礁所包围，许多隘口、信道将岛屿与大洋相连。一进堤礁，珊瑚突然消失，形成了许多精美绝伦的“立式幕墙”。由于珊瑚礁的过滤，岛周围的海水十分清澈，水下能见度达到了30米。在岛的许多堤礁的信道处，有着数量庞大的深海鱼类，鲨鱼、鲑鱼、金枪鱼在这里十分常见。

波纳佩岛大量的深海鱼种为其发展捕鱼业提供了便利，目前，世界上70%的金枪鱼都来自这里。每天，来自日本、西欧等国的商人都会从这里运回几货车的金枪鱼，供食客开生鱼片吃。这里的金枪鱼鲜美，肥嫩，口感极佳，这种美味让人终生难忘。

据说波纳佩岛上竟没有刑事案件发生，也没有监牢，仅几十名交通警察，而老百姓之间偶尔发生争吵，就会被请到一间反省室，面壁思过，直到想通了，当着既是门卫又是“法官”的老者，各自批评自己，直到握手言和，以后再也不能提及前嫌。

在波纳佩岛上最吸引人的地方是一座称为兰马多的废城遗址。它位于波纳佩岛的东南岸，这是一座神秘的城市，它由一块6米多长的石条建成，如今人们仍可见到石条的遗骸。至今还有100多座古建筑遗迹散落在堤礁边上。这些古建筑曾经是这个城市的核心，它是太平洋上建筑学上的奇迹，虽然它远不及金字塔、玛雅神庙、安哥瓦神庙著名，但是这鬼斧神工般的建筑还是令人惊叹。由于缺乏维护，目前岛上到处遍布着椰子树、番木树、艺果树、黄色和紫色的灌木丛等，呈现出一种杂乱美。

波纳佩岛的女人大多肥胖，好食肥肉，以肥为美，还有一个更令人惊奇的风俗，逢年过节，婚、喜、丧事，以送活猪为最高礼品，所以农村里，到处都能见到活猪在自由地走动。

[深海金枪鱼]

名贵深海鱼种金枪鱼在此拥有世界70%的产量，列全球之冠。金枪鱼每条轻则重几十千克，重则近百千克。日本每天有三个货机，当天将此鱼空运回日本，供食客开生鱼片吃。

[兰马多废城遗址]

[波纳佩岛吸蜜鹦鹉]

除了令人迷醉的自然风光，波纳佩岛的文化也具有原始色彩。在波纳佩岛的文化中心，观看当地人极富民族特色的歌、舞、手工艺品的编织、雕刻和制作，跟着他们随着音乐的节拍一起舞动，会让人陶醉在其中。

波纳佩岛低调、安静却又十分灵动美丽，它就像是上天赐予自然界的一片净土，等待游人在此诗意地栖居。

难以忘怀的佛得角情结

佛得角群岛

当你站在这个令人神往的岛国，习惯性地把手表指针倒拨两个小时，以为这样就自然而然地踩上了佛得角的节拍时才知道，真正的“佛得角时间”，并不是把北京时间拨慢两个小时就能赶得上。在这里，你不仅需要倒拨时间，而且还要放缓步伐，全身心地享受佛得角的一切。

所属国家：佛得角共和国
语　　种：英语
推荐去处：圣莫尼卡海滩
…

佛得角共和国简称佛得角，是一个位于非洲西岸的大西洋岛国。佛得角东距非洲大陆最西点佛得角（塞内加尔境内）500 多千米，扼欧洲与南美、南非间交通要冲，包括圣安唐、圣尼古拉、萨尔、博阿维什塔、福古、圣地亚哥等 15 个大小岛屿，分北面的向风群岛和南面的背风群岛两组。

在一本书中，曾这样描述佛得角群岛：“既然您已经远离了欧洲大陆，就不要再期待那些习以为常的节奏和效率。这儿有自己对时间的解释，这儿的钟表也有自己的规律。几天过后，您或者会忍受不了它的单调，它的散漫，从此忘记这片岛屿；或者会被一种‘佛得角情结’紧紧攫住，再也挣脱不开，心甘情愿作它的俘虏，成为它长久的情人……但是，如果要找一条中间道路恐怕是没有的。”

［佛得角群岛地理位置］

佛得角群岛位于非洲西岸的大西洋上，它横跨大西洋中部的 10 个火山岛，距离西非海岸线 570 千米。佛得角在葡萄牙语中是“绿色”的意思，虽然从地理位置来看，佛得角是地道的非洲国家，但这个国家却十分“另类”，因为，不管人们怎么看，佛得角似乎都缺少了点“非洲味”。

佛得角无论任何季节都适宜旅游，神秘的海洋风光，四季如夏的气候，让佛得角的日子像是一条毫无变化、重复着循环的河流。圣莫尼卡海滩是佛得角最安逸的海滩，岛上棕榈遍地，海岸上沙滩环绕，景色十分优美。游客可以躺在沙滩上享受日光浴，或者漫步在柔软的沙滩上，感受海洋的魅力与海风的洗礼。

除了神秘的海洋风光，游客还可以在佛得角进行各种各样令人享受的海洋活动。在佛得角，可以见到各种各样的海洋生物，像海龟和海豚，如果有幸，还可以看到鲸鱼。当然，海岛上也有火山，在火山盐湖里游一次泳也将是一次不错的经历。

整个佛得角只有4033平方千米，却有22个市。这里的建筑风格充满着南欧的风格——低矮的建筑，尖顶的小楼，绿树成荫的街心广场以及古色古香的石子路。这里的整洁安谧，和其他非洲国家新旧建筑错杂的情形形成鲜明对比。不仅如此，这个岛国的生活节奏完全是南欧型的：1个月的长假，完善的福利制度，甚至于一到周日所有主要商店都会歇业，这些和西班牙、法国如出一辙。

佛得角的字典里没有“紧张”这个词，它不懂得也不愿意跟时间较劲。如果你想感受独特的海岛风貌，想沉浸到美妙的海洋风光中去，想漫步在白色纯净的海滩，想欣赏到壮观的火山风光，那就背起背包来佛得角吧。

科学家在非洲西部的佛得角群岛发现了一场巨型海啸的证据，其规模远远超过人类见过的任何一场海啸。据称，在大约7.3万年前，福戈火山的突然崩塌导致了高达200多米的海浪，将50千米外的一座小岛吞没。

[佛得角群岛福戈火山的地貌]

佛得角群岛福戈火山的地貌还在继续变化。据说因为1995福戈火山的喷发留下这座绳状熔岩山。

福戈火山是世界上最大、最活跃的岛屿火山之一。目前，该火山的高度为海拔2829米，大约每20年喷发一次。

[圣莫尼卡海滩]

在佛得角星期五被视为吉日，一般婚礼都在这一天举行。

佛得角最隆重的节日是狂欢节，于每年耶稣复活节前40天的第一个星期二举行，届时全国放假。这个节日是从巴西传入的，1912年开始第一次举办，后来逐渐传播到全国各地。

握手在当地是一种人们习以为常的见面礼节，双方都应该是热情主动的，毫无原因地拒绝握对方伸过来的手是极不礼貌的表现。当然，如果已经觉察到对方无握手的意思，最好的方法是向对方点头致意，或微微鞠躬，也是很有礼貌的举动。需要注意的是，男女之间行握手礼，女方伸出手后，男方才能伸出手相握。男方同女方握手时，切忌握住女方的手久久不松开。

American Articles

4 美洲篇

遗落在加勒比的明珠

罗阿坦岛

树影婆娑、绿叶撩人，巨大的珊瑚礁，海水如水晶般清澈闪亮，面对着蔚蓝的大海、享受着海风轻拂，一边品尝美酒一边手捧着书，去风光明媚的罗阿坦岛上感受无人打扰的假期生活吧。

所属国家：洪都拉斯
语　　种：英语
推荐去处：鬣蜥农场
西北海边
沙滩浴场
…

罗阿坦岛位于洪都拉斯正北面的加勒比海上，形状像一艘赛艇或细长碧绿的刀豆荚，拥有世界第二大的珊瑚礁群，岛上生态环境保持完好，蕴藏着许多风景秀丽却鲜为人知的自然风光，比如稀奇古怪的热带雨林植物和美丽的海岛风光，被誉为加勒比海的“明珠”。

罗阿坦岛是最具加勒比特色的岛屿，岛上建有度假村、海边小屋、游轮港口和潜水商店等。游客可以看到清清流水，鱼群结队而游，珊瑚、海螺、海藻亦清晰可见，也可以看到辽阔的沙滩，数百张躺椅组合排列一大片，另类壮观。道路两边各种鲜花锦簇，开不败的小花像天星在绿叶间闪烁，数不尽的大花像海星在阳光下忘情怒放。

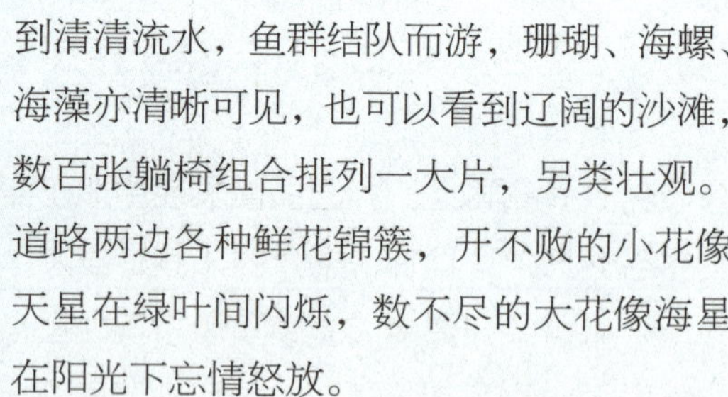

罗阿坦岛拥有着全美洲最美丽的沙滩，其纯白色的细沙和清澈的海水，让沙滩笼罩在恍若绿珍珠的颜色里，这里，就是被人遗落的在加勒比海的明珠，是陆地上的天堂，让人乐而忘返。

[罗阿坦岛村落]

罗阿坦岛的朗姆酒有三种口味：香草巧克力、咖啡和带点辣椒的辣朗姆。浇上热酱，美味无比的朗姆酒蛋糕打包好，在旅行中也可以完好无损。

北极圈里的冰雪童话

巴芬岛

一望无垠的雪原，坚冰覆盖着的蜿蜒曲折的海岸线，北极熊时常出没，祖祖辈辈坚守的传说中的爱斯基摩人，这里就是北极圈里的冰雪童话——巴芬岛。它位于遥远的北极圈内，鬼斧神工的地貌，神奇的天文现象，奇特的生物群落，在时时刻刻召唤着爱冒险爱刺激爱旅游的你……

巴芬岛是加拿大的第一大岛，也是世界第五大岛屿，有三分之二的面积位于北极圈内。巴芬岛的特色是冰川雪山，山脊纵贯岛的东部，海岸线曲折蜿蜒，峡湾无数，冬季严寒漫长，夏季又冷又凉，自然景观是极地苔原。巴芬岛最好的旅游季节是夏季，那时午夜的阳光照耀着壮观的冰川，冰川覆盖着绵延的海岸线，还有雄伟的山峰，以及令人眼花缭乱的冰山，构成一幅惊艳绝伦的画卷。

独特的地理交错，被覆盖的山脉，传统的村庄，冰川雕琢的峡湾，以及广阔无人的冻原，这样的巴芬岛，就像是来到万物之始的地方。人们可以选择在起风的时候坐上雪橇，架起风帆，在光滑的冰面上疾驰，省力又刺激。

巴芬岛这片广阔的原始地域，是北极探险者的冒险乐园。人们可以穿上靴子或是登上雪橇，穿越舍密里特国家公园，捕捉北极熊、白鲸、海豹

所属国家：加拿大
语　　种：加拿大语
推荐去处：巴芬湾
伊卡卢伊特
舍密里特国家公园
…

1615年，探险家威廉·巴芬是第一个成功环绕巴芬岛航行的人，此岛也以他的名字命名。

[巴芬岛爱斯基摩冰屋]

生活在北极附近的土著——爱斯基摩人，也叫因纽特人，他们是地地道道的黄种人。巴芬岛上只住着200名左右爱斯基摩人，他们是北极地区的土著民族。他们打猎为生，以肉为食，毛皮制作衣物。爱斯基摩一词是由印第安人首先叫起来的，即“吃生肉的人”。爱斯基摩人并不喜欢这名字，而将自己称为“因纽特”人，在爱斯基摩语中即“真正的人”之意。

在北极地区，冻伤一般是避免不了的，防治措施相当重要。要了解冻伤的程度，防治冻伤的最好办法就是不断地运动，保持全身热量的循环供应。

群和独角鲸的身影；或者漫步岛上，在这美丽而沉寂的北极地区搜寻野生动物的踪迹；当午夜阳光的金色光芒点亮当地传统节日庆典时，还可以品尝到当地的传统美食，在鼓舞和喉音歌唱之中感受来自北极的韵律。

或许，位于北极圈的巴芬岛对于很多人来说是一个遥远得超乎想象的地方，但随着北极探险旅行的悄然兴起，凭借其独特的地理风光、奇异的生态环境，巴

[阿斯加德山]

阿斯加德山是古挪斯语，意为“圣山”。它最著名的景观是一对柱形的平顶山崖，海拔约 2015 米，像两根拔地而起的擎天柱矗立在寂静荒蛮的极地上，有一种震撼人心的雄奇和苍凉。

[芒特索尔山]

芒特索尔山垂直高度接近 1250 米，是世界著名的高峰，由纯花岗岩构成，成为冒险者和登山爱好者向往的地方。

在北极，罗盘指针指的北并不是地理上的北极，必须考虑磁偏角的影响。GPS 只能提供定位，最便捷的方法是依靠太阳。冰裂缝是阻止北极行走的最大障碍，判别前方有无冰裂缝要注意观察，大的冰裂缝是海水蒸发的地方，远看冒黑烟，冰裂缝越开阔黑烟越浓。

芬岛迎来了越来越多游人的光顾。岛上景观资源丰富多彩，同时也被认为是观测神秘而壮观的极光现象的最佳地点之一，在巴芬岛漫长的寒夜中，极光是这里最美的风景。

在午夜的阳光下，可以穿越晶莹闪烁的冰川地带，身后是深蓝色的北冰洋，海鸟在浪尖唱着歌，碎石的山坡上时而能见到稚嫩的花朵绽放自己的美丽，如果足够幸运，说不定还能邂逅可爱的北极狐或者其他的小动物。至今，巴芬岛仍然保持着未经人类雕琢的最美丽的原始风貌：一望无垠的冰川美景，偶尔会出现一些因纽特小村落，当然，也会有各种各样的野生动物，比如海象、各种鲸类、驯鹿、北极熊等。这里，是加拿大的北极游乐场，也是传说中的冰雪童话王国！

被自然眷恋的海鲜故乡

纽芬兰岛

这里拥有北美最古老的英裔文明，数不胜数的世界自然遗产，徒步岛上，可以领略大自然的奇妙。茂密的丛林、成群的动物、清澈的海水，这些都是大自然馈赠给纽芬兰岛的礼物。而不管你去过多少遥不可及的地方，无论从自然、地质、动物、美食、历史还是城市来说，纽芬兰岛都是世界上全面又独特的地方。

在北美洲的最东端的加拿大东海岸，有一座略呈三角形的小岛——纽芬兰岛。这里，一面城市，热闹喧嚣，一面大海，宁静苍茫。如若你好动，可以在岛上找到具有当地特色的咖啡馆、餐厅、甜品店、精品店、服装店以及画廊等，充分体验当地人的生活乐趣。如若你喜静，可以登上山顶，放眼壮丽的大西洋海面和色彩斑斓的海港城市，心怀敬畏，沉醉在历史的苍茫与宁静之中。或者你想要动静相宜的话，也可以去到翠绿而茂密的森林，感受溪水的涓涓细流，欣赏山谷上绽放的小花、蓝天上展翅翱翔的雄鹰，山谷间顽皮的北极熊在互相嬉戏，小鹿自由奔跑，一切都是如此的和谐。

在世界尽头天涯海角的纽芬兰岛，冰河运动产生了很多令人惊叹的奇观，你可以欣赏到海岸低地、碧波海湾、奇峰高原、冰川峡谷、悬崖峭壁、澄澈湖泊以及壮丽瀑布，也可以同时看见鲸鱼和冰山，拍下鲸鱼跃出海面的瞬间。在岛上，可以乘船游览、徒步旅行、野餐、露营、游泳或者骑行，还可以划皮艇，甚至荒野远足或者雪地摩托。踩在这片独特的土地上，感受令人震撼的大自然，体会大自然的造物之奇，你的心灵将会宁静而祥和！

所属国家：加拿大
语　　种：加拿大语
推荐去处：圣约翰斯、格罗斯莫纳国家公园、大瀑布温莎镇…

1534 年，纽芬兰岛被欧洲航海家约翰·卡波特意外发现，留下了“踩着鳕鱼群的脊背就可上岸”的传说。纽芬兰渔场被发现的时代，欧洲的肉食昂贵，且因为宗教原因，一年中有很长的时间不允许吃禽畜肉。高蛋白的巨量鳕鱼给欧洲人带来了“新生活”，一度“供养了欧洲”，成为当时欧洲贸易中最重要的商品之一。

[圣约翰斯 · 约翰天主教大教堂]

纽芬兰岛海岸曲折，多半岛和港湾位于寒暖流交汇的加拿大东海岸，是世界四大渔场之一，这里是海鲜的故乡。这里有独特的气候——寒流削弱了大西洋的暖流，是冬暖夏凉的度假胜地，也让鳕鱼、血蟹、北极虾、龙虾等深海美味在这里聚集生活，让加拿大乃至全世界的海鲜崇拜者垂涎欲滴。

目前，纽芬兰岛是全球最大的北极虾和血蟹产地，它们生长在阳光照耀下的天然、冰冷、清澈而又无污染的水域中，生长极其缓慢。纽芬兰的大浅滩，是海鲜和各种海洋生物的天堂。若是坐在岩石裸露的略显苍凉的海滩上，打开一瓶冰镇的、用真正的冰山万年老冰酿造的冰山牌啤酒，品尝最新鲜的野生北极海鲜，海滩上飘满着海鲜鲜活的味道，使人的舌尖与心神都情不自禁地留在加拿大东海岸！

[圣约翰斯 · 卡博特塔 (Cabot Tower) 城堡]

圣约翰斯是一座五颜六色的城市，建筑被涂成不同的颜色，远远望去，就像是一幅色彩浓郁的画作，非常的上镜。该城市气候良好，冬天不太冷，夏天不算热，神奇之处在于在气候温暖的七月天，仍然可以望见海中的冰山。

[纽芬兰岛 · 北极虾]

[纽芬兰岛 · 血蟹]

[纽芬兰岛 · 鳕鱼]

纽芬兰渔场曾经是年产百万吨级鳕鱼的大渔场。随着鳕鱼资源的衰退，纽芬兰渔场逐渐成为北极虾和雪蟹的产地。目前的纽芬兰是全球最大的北极虾产地，也是全球最大的雪蟹产地之一。

地球上最后的伊甸园

安的列斯群岛

在安的列斯群岛上，无论是徒步在蓝天之下，还是在海滩放松，或者潜水，这个群岛都会给人留下不可抹去的回忆和再度归来的千万种理由。清澈通透的海水，金色美丽的沙滩，以及无忧无虑的空气，这个风景如画的加勒比海群岛吸引了来自世界各地的诸多旅行者。

安的列斯群岛位于美国佛罗里达州和委内瑞拉海岸之间，是美洲加勒比海上的岛群。这片迷人的群岛一年四季温暖如春、气候宜人。探寻安的列斯群岛美丽绝伦风光的最佳方式是在宜人而体贴的热带海风的吹拂下，在岛屿附近的海滩驾船旅行，人们可以抵达珊瑚海滩之中并纵身跃入碧海，也可以潜入青翠的丛林之中，探索加勒比海盗的足迹。

安的列斯群岛自然风光优美，有火山和海滩，盛产甘蔗、棕榈树、香蕉和菠萝等。这里有蓝色的大海、金色的沙滩，岩石上布满了热带植物，海水之中有布满珊瑚的碎石，还有各种各样五彩缤纷的热带鱼。这里沙粒雪白细致，水色湛蓝，珊瑚奇异美妙，海滩更是奇趣盎然，它们或远离喧嚣，或遗世独立，在这里，人们尽享地球上最后的伊甸园般的体验！

所属地域：加勒比海
语　　种：荷兰语
帕彼曼都语
西班牙语
英语
推荐去处：圣马丁岛
萨巴岛
博奈尔岛
…

瓜德罗普岛位于海地北海岸，属于多岩石的岛屿，是历史上非常著名的海盗基地。1630 年左右由于劫持西班牙的商船而被法国政府驱赶的海盗就定居于此。在影片《加勒比海盗 I》中，Tortuga 就是海盗首领杰克和威廉最先赶赴的岛屿。

[加勒比海盗电影海报]

塞班归来不看“海”

塞班岛

它是遗落在太平洋的一颗宝石，璀璨耀眼，光彩夺目。它像一个“犹抱琵琶半遮面”的佳人，在这里，你可以跳进神秘莫测的蓝洞，或是撑着洒满阳光的白帆出海，去感受不同的风采。如果你有海岛情结，如果你对蓝色的海洋无法抗拒，如果你向往“复得返自然”的怡然，那么，从踏上岛屿的那一刻，你便会爱上这里。

所属国家：美国
语　　种：英语
推荐去处：马里亚纳海沟

塞班岛是西太平洋北马里亚纳群岛中的一个岛屿，它西临菲律宾海，东临太平洋，由于临近赤道，四面环海，塞班岛一年四季都风景秀丽，气候宜人。置身塞班岛，可以在海滩上沐浴阳光，或是在茂密的椰林中信步，还可以遥望热带植被覆盖的山脉，让人忍不住发出“身在塞班犹如置身天堂”的赞叹，毕竟，很少有一个地方可以满足旅游者的所有要求，而塞班就是其中之一，因此，它也成为世界最著名的旅游休养胜地之一。

塞班岛的蓝色海域世界著名，它的美会让人沦陷。飞行在塞班岛的上空，美丽的环礁净收眼底，美不胜收。漫步在沙滩上，欣赏着海上落日，在绚烂的晚霞里，蓝

塞班岛五大海滩之鳄鱼头海滩

海浪拍打着石岸的壮观绝非一般海滩可比，旁边的巨石犹如凶神恶煞的鳄鱼横卧在蓝色的太平洋海边，非常真实。

色的海与蓝色的天融为一体，可以真正感受到“海天一色”的美景，这种美，美得让人心醉。难怪有人会发出塞班归来不看“海”的感叹。

海洋的美，永远少不了海滩的衬托。鸥碧燕海滩、麦可海滩、鳄鱼头海滩、劳劳海滩、拉德海滩是塞班岛最为著名的五个海滩。鸥碧燕海滩是圆鳗的聚集地；麦可海滩的海面经常会呈现出七种颜色变化，美得不可思议；鳄鱼头海滩是看海浪和侵蚀岩地貌最佳的地方，那平静的海水，在一股莫名力量的推动下变得异常湍急，漫过或平缓或陡峭的岩石，蓝色的海水突然变成了白色的泡沫，涌向你的双腿，随后又快速地退回到大海……反反复复，奔涌不息。劳劳海滩位于塞班岛的北湾地区，它由无数个潜水点构成，是潜水或浮游的好去处。

塞班岛海滩上最为著名的，就是一种名叫“星沙”的沙子，它们有着星星一样的形状，十分可爱。不过，并非海滩上所有的沙子都是星沙，此时，需要把双手按在沙滩上，捞起沙子细细地筛选，才能发现星沙带来的惊喜。不过，在塞班岛有一条奇怪的规定，那就是这里的沙子不允许带出塞班，也许是为了保护塞班的特色吧。其实，星沙并不是真正的沙子，而是一种珊瑚礁的尸体，只因为十分细小，混杂于细沙中，才有了“星沙”之美名。

塞班岛东侧有世界上最深的马里亚纳海沟，它的深度甚至超过了珠穆朗玛峰的高度。因此有人说，站在塞班岛的最高处，

塞班岛五大海滩之欧碧燕海滩

欧碧燕海滩以能见度好著称，每次下潜各种有趣的小生物总能带来惊喜，能见度 40 米。

塞班岛五大海滩之麦可海滩

麦可海滩位于塞班岛的中心位置，在海面上经常呈现出不可思议的七种颜色变化，沙滩细白而柔软，无风无浪，是悠闲漫步，欣赏夕阳海景的好地方。

万岁崖

《太平洋战争》纪录片里有这样一个镜头，一名日本妇女匆匆爬上悬崖，接着张开双臂纵身跳到海里……万岁崖是二战时，日本人集体跳崖之处，后起名“万岁崖”，在海边这里现在立了一些石碑。

塞班岛五大海滩之拉德海滩

拉德海滩的最大特点是：海滩不是沙滩，而全部是从海里冲上来的珊瑚碎片，大部分是乳白色，还有一部分是很淡的珊瑚红。

塞班岛日军司令部

日军司令部遗址位于塞班岛北端，又名巴那迪洛，二战时日军的司令部就位于山崖下方的洞穴中，最后弹尽援绝的日军终究抵挡不住美军的攻击，日军总司令在此切腹自杀。

便是站在了地球的最高处。这里有美丽的岛屿，深邃的海洋，雪白的沙滩，以及热情的土著人。

蓝洞位于塞班岛的东北角，是经过海水长期侵蚀、崩塌而形成的最深处达47米的天然洞穴，它与太平洋相连，当光线从海洋透过水道打进洞里，蓝洞内会呈现幽蓝色的幻境，美得让人难以自拔，因此，它也曾被《潜水人》杂志评为世界第二的洞穴潜水点。蓝洞从外部看起来像一只张开嘴的海豚，内部则是一个巨大的钟乳洞，在洞里潜伏着各种各样的水下生物，如热带鱼、海龟、魔鬼鱼、海豚、水母、海胆……十分精彩斑斓。

塞班岛曾在二战中历尽沧桑，而军舰岛就是塞班岛沧桑的写照，有人说，没有去军舰岛，就等于没有真正到过塞班岛。周长仅1.5千米的军舰岛因岛上残留着太平洋战争时日军的残舰与战机而得名，花20～30分钟环绕岛屿一周，你也许就能感受到这个小岛在几十年前经历的血腥与残酷，军舰岛的四周是珊瑚被冲刷磨细后所形成的白沙滩，岛上种满了浓绿的热带植物，进入岛中央，你就会感觉进入了与世隔绝的小宇宙。

塞班岛是懒人的天堂，是独行侠的“远方”，不管躲在哪个角落，你都能感受到塞班岛给予的款待。

日军指挥部遗址

二战时期的大炮

二师兄的伊甸园

巴哈马群岛

在离中国遥远的中美洲，有一个岛名叫巴哈马群岛，岛上居住着一群快乐而悠闲的猪。在水清沙幼的海滩边，猪们学会了游泳，学会了卖萌，学会了如何与人类相处。如果你想邂逅这群惬意的猪，想和爱人漫步于性感的粉红色沙滩……那么，巴哈马群岛就是可以为您的人生添上这个独特而难忘的色彩的不二之选。

巴哈马群岛是西印度群岛的三个群岛之一，位于美国佛罗里达州东南海岸对面，古巴北侧。岛上蓝天碧海，水清沙幼，宛若天堂，是众多游人无限向往的旅游胜地。值得一提的是，这里有着一群与众不同的原住民——会游泳的猪。

所属国家：希腊
语　　种：希腊语
推荐去处：天堂岛
亚特兰蒂斯
度假胜地
拿骚
…

快活似神仙的“游泳猪”

这群猪本是水手的弃儿，但它们却顽强地学会了很多生存技能。被遗弃在巴哈马群岛的猪，它们会向游人讨要食物，陪伴游人游泳，喜欢沿着海岸冲浪，也会热情欢迎游客，它们的生活快乐而惬意。

这些有猪的岛屿被称为“猪岛”，岛上到处是天然泉水，同时又受邻近岛屿的庇护，使其免受因热带风暴而引起的巨浪的侵袭。因此这群猪每天悠闲自在，日子

[巴哈马加勒比海猪岛]

巴哈马群岛的猪岛，那里水清沙幼，渺无人烟，却有大量的猪聚居。传言说，这些猪是多年前水手途经该岛时放下的，希望成为日后航海时的食物补给，但自此水手并未回来，而猪仔们在岛上繁衍接代，它们在水中嬉戏，成群结伴地游泳，或一起在沙滩上躺着午睡和晒日光浴，过着无忧无虑的生活，并且擅长游泳，深受当地人和游客的喜爱。猪仔们会在船边游来游去，管人要吃的。

[海盗博物馆]

[海盗徽章]

[安妮 · 伯妮]

安妮 · 伯妮是一位黄金时代著名的海盗，也是历史上最负盛名的女海盗之一，于 18 世纪时活跃于加勒比海地区。目前人们对于安妮 · 伯妮的认识大部分是来自查尔斯 · 詹森船长所著《海盗通史》一书。

安逸而幸福，它们时而在澄澈的海里畅游，时而在柔软的沙滩酣睡，快活似神仙。

海盗的故乡

巴哈马群岛也位于加勒比海岸，属于亚热带气候，岛屿大多是石灰岩岛，整个群岛被清澈多彩的海水包围着，形成碧海蓝天，风景秀丽的自然热带海岛风光。这里的海水如水晶般清澈，白沙海滩连绵数千米，堪称世界第一。这里是水上运动爱好者的天堂，帆船、划船、潜水、垂钓、水上摩托、汽艇等水上活动一应俱全。这里同时也是具有亚热带风情和海盗历史文化的加勒比海盗的故乡。岛上随处可见海盗文化，如海盗餐厅、海盗博物馆以及海盗纪念品商店，每一处景点都能告诉你一个动人的海盗故事。

由 700 座岛屿漫漫铺展开而形成的巴哈马群岛，囊括了热闹非凡的娱乐聚集地、安静祥和的避世之所，以及令人惊艳的水下世界。充沛的激情与浪漫的气氛相得益彰，这一切，都让巴哈马群岛上游人如织。在这里，游人们可以尽情玩乐，可以参加水上运动、疯狂购物、试试赌运，甚至纵情享受夜生活；也可以欣赏巴哈马的国鸟——西印度火烈鸟，或者等到夕阳西下，在海滩上与群星共舞……巴哈马群岛的各种娱乐、自然景观和明媚的海滩交织融合，形成了一种甜美醇香的诱惑，让人流连忘返。

在巴哈马群岛，你也会看到很多完美地集现代气息与传统魅力于一身的建筑，这些特色的建筑艺术，如同镶嵌在蔚蓝大海和白色沙滩背景中，美得令人窒息。你也可以去游览形形色色的洞穴和过道，享受沙滩日光浴，再或者，什么也不做，就静静地欣赏岛上那些令人怦然心动的美景！

在大巴哈马群岛上有一个奇特的火湖，每当夜间泛舟湖上，信手搅动湖水，顿时火花四溅，船桨能激起万点火光，奇妙不已。

最性感的粉色沙滩

事实上，巴哈马群岛最诱惑人的是粉色沙滩。岛上最著名的粉色沙滩有五千米长，曾经被美国《新闻周刊》评选为世界上最性感的沙滩。这片娟秀绮丽的粉红色沙滩，隐藏在世外桃源般的巴哈马群岛，看上去一片粉红，颜色鲜艳，沙质细软。

[粉色沙滩]

白色“沙子”就是珊瑚岛上常见的珊瑚沙，而那种粉红色的“沙子”则是当地一种特有的有孔虫的遗骸。有孔虫是一种单细胞生物，体积非常小，肉眼很难看到。在哈伯岛周边的礁石上，附着许多红色或亮粉色外壳的有孔虫。被大浪袭击或鱼类冲撞后，它们就会成团地掉下礁石，最后被冲到了沙滩上，变成了粉红色的“沙子”。

除了粉色沙滩的极度诱惑，最具魅力的地方依然是藏在了巴哈马群岛的海洋之中。喜欢潜水的人们在巴哈马会欣喜若狂，因为无论是浮潜还是深潜，都将会有五光十色的海底世界等着游人们：蓝洞、珊瑚礁、峭壁潜水以及沉船遗骸令人目不暇接，或者你也可以进入到珊瑚丛、小丑鱼和石斑鱼的世界。这片海域的美令人心旷神怡！

从高空俯瞰，巴哈马群岛被认为是地球上最美丽的一角。这里的海滩从青绿色到紫色，应有尽有，海水的深浅反映着水的深度以及沙滩清澈的美。岛上风光绮丽，纤尘不染。碧海蓝天的美丽风光，阳光沙滩的慵懒生活，再加上充满传奇色彩的海盗时代，巴哈马群岛成为了全球最令人向往的度假胜地之一。

比米尼岛上还有美国著名作家海明威的故居。因为海明威在这个小岛上生活了三年。

[亚特兰蒂斯之路]

在比米尼岛海岸，有一条没入水中 4.5 米深的石路，路面平坦而且开阔。它被人们称为“亚特兰蒂斯之路”。长期以来，它引起了人们无限的遐思，大多数人猜想它是古代亚特兰蒂斯人创造的。还有人就此认为亚特兰蒂斯城就在附近。因为有了这种神秘气氛，潜水者都会在这个景点停留。

飞机爱好者的拍机天堂

圣马丁岛

圣马丁岛除了白沙、碧海、喧嚣夜、水清沙幼、椰林遍地，还有一个让你不得不去的理由：看飞机。喜爱刺激的游客们“潜伏”在飞机跑道附近的咖啡馆或者小饭店，一听到飞机的轰鸣声，便蜂拥而出冲到机场围墙外体验飞机擦头而过的惊险与刺激。

所属国家：法国和荷兰
语　　种：法语、荷兰语
推荐去处：玛侯海滩、菲利普斯堡、辛普森湾
…

圣马丁岛位于加勒比海，是目前世界上最小的拥有双重国籍（荷兰与法国）的海岛。圣马丁岛的加勒比海风情美得让人流连忘返，最著名的要数圣马丁朱莉安娜公主国际机场，堪称世界上最刺激的地方。站在风光旖旎的海滩上，大型客机擦头而过，世界上应该没有任何一个其他的海滩能让普通人拥有如此近距离观赏大型客机降落的机会了。

值得一提的是，在圣马丁岛，由于圣马丁机场跑道的海拔高出游人观赏的沙滩，因此游客们可以用平行的视角感受飞机在眼前腾空而起的壮观，也可以去与玛侯沙滩相呼应的跑道的另一头，欣赏飞机朝你加速而来并拉起腾空的盛况。在加勒比的蓝天碧海中，近距离望着飞机在你眼前腾空翱翔，而后静享刺激过后的平静，这样才是旅行，这样的观机体验才是人生中不容错过的记忆。

朱莉安娜公主国际机场是世界上最七个的机场，该机场的最大特色就是其只有2349米长的跑道，正因为其跑道太短的关系，故飞机在降落此机场时均飞得很低。

圣马丁岛 Saint Martin，荷兰语作 Sint Maarten，法语作 Saint-Martin。西印度群岛小安的列斯群岛北部岛屿。居民多为黑人。地势起伏，东、西部多山丘，一般海拔300～415米。岛上风景优美。1493年11月11日（圣马丁节）哥伦布到此，故名。1638年被法国占领。1648年分属法国和荷兰。

圣马丁岛法属地区用欧元，但美元也广泛使用；荷属地区用荷属安的列斯盾。

浮潜者的游乐园

维尔京群岛

或许在梦里，你时常想象包下一艘游艇，在世界最神奇的海域进行浮潜。而这个梦想，维尔京群岛能轻易为你实现。岛上水质通透，珊瑚礁生长繁盛，滋养了丰富多样的珊瑚鱼，浮潜点之间甚至可以发现颇多的珍稀鱼类，这里是奇石和珊瑚鱼的天堂！

维尔京群岛位于加勒比海以北，处于北大西洋以南，是世界上最迷人、自然环境保存最完好的多岛海区。无论是航海还是浮潜，抑或是垂钓，在这座沉浸在灿烂阳光和广阔苍穹下的岛屿上，都会给人带来愉悦。最让人期待的，还是维尔京群岛的浮潜。你可以在蔚蓝通透的海水中浮潜，观赏造型独特的岩石和成千上万的珊瑚鱼，与鱼群为伍，也可以观察鱼群被天敌吞食的情景。有时候看着鹈鸟俯身冲入水中，满嘴都是饵鱼，也是一种有趣的体验。

在风景如画的维尔京群岛，海水清澈，季风宜人，视野开阔坦荡，海面风平浪静之时，你可以看快艇倒影漂荡，赏热带鱼群舞蹈。在离白沙滩不远的地方，高大的椰子树点缀着整片海域，美轮美奂，放眼望去，还有远处无限尚待探寻的世界。

所属国家：英国
语　　种：英语
推荐去处：诺曼岛山洞
兰尼斯特湾
瓜纳岛猿猴地
…

[维尔京群岛水中小屋]

离岸公司的注册为维尔京群岛带来相当可观的收益。截至2004年，有逾55万家公司在当地注册。据毕马威会计师楼为英国政府就离岸司法所作的调查所示，全球41%的离岸公司皆在英属维尔京群岛注册。由于在群岛注册公司后可省免不少税项，因此当地一直被外界称为“避税天堂”。

加勒比海盗的藏宝地

圣安德烈斯岛

相传，加勒比海盗中最令人闻风丧胆的海盗摩根将金银财宝埋在圣安德烈斯岛的某个洞穴里。而实际上，在人们寻找传说中数不尽的宝藏的同时，也发现了圣安德列斯岛更吸引人的地方，即岛上的风景，这里的海水清澈透底，连同沙滩，构成奇异的"七色之海"。

所属国家：哥伦比亚
语　　种：西班牙语
推荐去处：约翰尼岛、摩根洞穴、间歇泉
…

圣安德烈斯岛位于著名的加勒比海中心地区，是哥伦比亚的一座珊瑚岛。它拥有一股强大的魅力，吸引着游客们的到来。全岛均被珊瑚礁环绕簇拥，这里景色无比迷人，清澈通透的海水，白色泛光的沙滩，宁静祥和的环境，地势平坦，气候宜人，这一切的一切，使得广大游客流连忘返。

圣安德烈斯岛是潜水爱好者的天堂，潜入这些色彩缤纷的海中，你会发现，在海底，更有数不尽的颜色震

[摩根洞穴口]

[摩根洞海盗像]

[摩根洞穴宝藏]

摩根洞穴是一个水下洞穴，据说埋藏了威尔士海盗亨利·摩根的一些财宝，因此而得名。威尔士人亨利·摩根 23 岁就当上了海盗首领，他带着自己的海盗军队抢劫了众多城市，所到之处将财宝掠尽，留下的是一座座的地狱之城，连强大的西班牙人也对他无可奈何。电影《加勒比海盗》中的亨利·摩根便是他。

撼着视觉：淡紫色和黄色的珊瑚，银色、蓝色和红色的鱼，绿色的藻类，还有无数微小的彩色海底动植物。蓝色清澈的海水，白色沙滩，浅海下面就是游泳的鱼，若是再往深处潜水，会看到到处都是珊瑚礁、热带鱼。

[亨利 · 摩根]

在圣安德烈斯岛这个神秘的加勒比海岛屿上，岛上秀丽的自然风光独一无二，暖春炎夏，岛上到处开满了鲜艳的热带花朵，树上挂满了令人垂涎欲滴的水果。在岛上，游客们可以骑着小轮摩托车环行小岛，也可以停下来探索隐匿的小峡谷和埋有加勒比海盗的宝藏洞穴或者感受椰子树的摇曳。如果喜欢海，你也可以从崖石一跃而下，下面是透彻的海水，阳光透过海面，与风一起轻抚皮肤。抑或什么也不做，就在洁白的沙滩上坐着，放眼就是海洋的清澈与自在，你沿着迷人的洁白的沙滩，大大小小的村舍旅馆点缀其间。加勒比海的海水在阳光下倍显亮丽、清澈，在这里，潜水者能看到五彩缤纷的热带鱼；徒步者漫步丛林时，能感受到大自然的气息。让我们体验海盗的路线，来一场激情的冒险吧。

圣安德烈斯岛上最受欢迎的菜肴要数 rondon 了，这是一道用鱼、丝兰花、车前草和面团放入椰奶中文火慢炖制成的炖汤。

旅游在外，美丽的风景和美味的食物都是必不可少的。圣安德烈斯岛除了赏心悦目的海滩，更有美味十足、让人念念不忘的各色美食，甜甜的朗姆酒香弥漫在空气中，配着令人垂涎欲滴的美食，让人真觉人生从此完满。岛上也有诱人且样式繁多的户外活动，从潜水到探秘洞穴，攀爬古代遗迹或是躺在沙滩上彻底放松品尝着鲜美果汁，都让你不虚此行。宛如天堂的海滩、温和宜人的气候、平价低调的奢华，让圣安德烈斯岛成为了人山人海的度假胜地。

[魔鬼鱼]

魔鬼鱼不像别的鱼那样一次产卵就有几千几万粒，雌魔鬼鱼不产卵，它是卵胎生的，这在鱼类中又是少有的事。它每次只生一胎，无怪乎它要宠爱独子了。

美国的后花园

关岛

海风轻柔拂面，海水蔚蓝清澈，椰子树林随处可见，就连白沙滩也是纯净细腻。这里终年阳光普照，这是一个未经污染未被雕琢的度假胜地，这里就是美国的后花园——关岛！

所属国家：美国
语　　种：英语
推荐去处：情人崖、水晶教堂、亚加纳……

关岛位于西太平洋，是美国最西边的海外属地，是密克罗尼西亚群岛中最南端并且最大的岛屿，也是距离中国最近的美国领土。由于横跨国际日期变更线，每当旭日东升时，它成为太阳最早照射到的美国领土。这里长年恒夏，属热带海洋性气候，风光绮丽，人文独特，丛林茂密，温暖而不湿热，这里毗邻杜梦湾，靠近大海，犹如一个世外桃源。

蔚蓝是关岛大海的主色调，蓝得沁人心脾的大海犹如西太平洋上一块甜美却坚硬的蓝色水晶，无时无刻不在闪烁着幽深透彻的蛊惑之光。你可以选择在日光热烈的中午下海畅游，也可在清凉惬意的早晚薄着轻罗衫，悠闲漫步于海边，一天和一天之间，便如白驹过隙般飞逝。夕阳西下，关岛的夜景也是美得让人窒息。你可以去看瑰丽的珊瑚和成群的热带鱼，或者出海去看海豚，再探访沉船……

关岛富有特色的查莫罗食物受西班牙和墨西哥菜影响，这里有查莫罗特色玉米饼、玉米粉蒸肉、玉米粥，还有chilaquiles，这是一种当地特色食物：有碎鸡肉、柠檬、辣椒和椰子屑并且搭配当地人特别喜爱的finadene（一种调味用的酱油）。

关岛的海水是蓝的，一点都没错，但这里的蓝有许多种！深浅不一、浓淡相宜，从岸边泛白的清澈见底，到远处浓稠的深不可测，能够用肉眼分辨出来的，恐怕就有上十种之多的蓝。在这里，除了那一抹醉人的蔚蓝，也可以体验许多人生中的第一次：第一次刺激又兴奋的实弹射击，第一次被海浪与牧师共同祝福下的教堂婚礼，第一次在瑰丽壮观海底世界的海底漫步，甚至第一次高

许多人以为关岛的地形平平，除了海再无其他，当车行驶到色提湾才知道，关岛也是有着起伏的群山，而且这里的景色很美，至今还未被开发。

[总督府]

[理查德 · 伯达娄雕像]

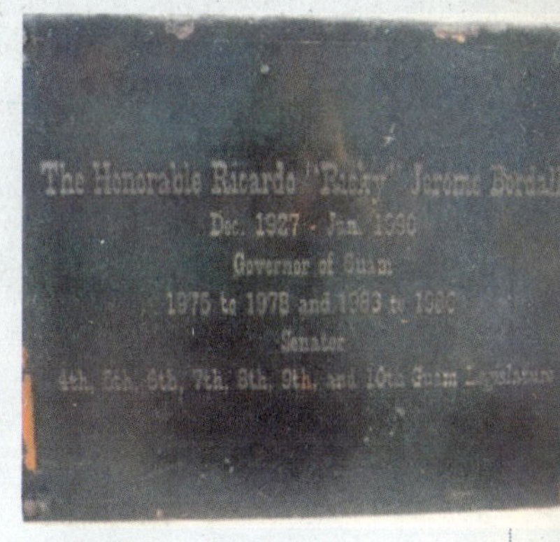

[理查德 · 伯达娄雕像]

关岛的总督府位于亚加纳高地上，占地 6700 平方米，依山而建的两排长长的平房，是 48 个行政部门的办公区。前面是西班牙广场，后边是浩渺的菲律宾海，与别的地方不一样的是，不论是什么时候，游客都可以随便在这里拍照、参观，即使是上班的时候也是如此。如果游客是周末到此，连警卫都看不到。

度紧张又极有成就感的自驾飞机……一切妙不可言的体验，正要开始！

关岛绝对是一个让人轻松、减压的好地方。这里有和风、有阳光、有蓝色的海洋、有壮丽的日落，集海滩、水上活动、体育、探险、当地景点及夜生活于一身，无论是独自一人的心灵之旅，还是与伴侣及亲朋好友的同游，都可以有数不胜数的趣味活动。这里风光旖旎，海水蔚蓝清澈，鱼类品种繁多，以及随处可见的椰子树及柔和海风，拼贴出一幅幅大自然的瑰丽图画，令整个关岛散发出温馨而迷人的景致。

关岛最早的居民是查莫洛人。但查莫洛人不断被外来政权入侵，先后被西班牙人、日本人统治过。因此岛上仍然留有不同文化融合的痕迹：西班牙式的建筑风情、美式的娱乐和餐饮、日式的购物观光潮以及查莫洛式的村庄和自然风光。它的独特令人叹为观止，它是本土文化的熔炉，却充满着外来者。在查莫洛文化庆典上，会有各种美食和游戏

关岛是个免税港，也是亚太地区最大的免税购物中心之一。这里可买的东西实在太多，性价比又太高，到这里的人总是买买买买停不下来。因为关岛是美国的海外属地，去往关岛需要美国签证。所以和免签的塞班岛相比，这里中国游客并不算多，所以性价比虽然很高，但购物时又不会出现拼抢的局面。

DFS：关岛最大免税店。

The Plaza：就在 DFS 马路对面，里面有些年轻人喜欢的品牌、像 GAP、Marc Jacobs、LE SPORTSAC 这里都有。

ABC Stores：有点像包罗万象的纪念品和便利店。

K-mart：24 小时营业全年无休的大型购物超市，类似家乐福。从食品、坚果到保健品、家用电器这里都有。也能买饮料、熟食。缺点是距离关岛核心旅游地段不算近。

关岛奥特莱斯：不但能买到食品、保健品，服装泳衣等也能买到得，真的是“便宜又大碗”之地。

[关岛太平洋战争历史公园]

追溯关岛的历史，是极其波折残酷的。关岛自 1565 年被西班牙占领，1898 年美西战争后被美军占领，在第二次世界大战中，1941 年被日军占领，两年后又被美军夺回。二战后美国海军在关岛重建军事基地，1950 年美国宣布关岛为其未合并的领土。1978 年，ASAN 海滩正式成为太平洋战争历史公园对外开放，警醒世人珍惜和维护世界和平。

[麦哲伦登陆点]

传说当时航海家麦哲伦和他的船在没有食物的情况下，在海上漂流了数日，当漂到关岛的时候只剩下了一口气，就在这里被土著查莫洛人救起，在岛上调养数月后身体好转，在麦哲伦返回西班牙前作为谢礼，麦哲伦允许当地人上他的船参观，而当时的土著查莫洛人生活非常原始，没有见过西方国家的船上这些奇怪的东西，把船上亮晶晶的东西都拿下了船，惹怒了麦哲伦，用西班牙语骂他们是强盗，“GUAN”关岛的名字就此得来。

展台，包括摩天轮、狂欢节活动、飞天项目、骑摩托车、运动和文化竞赛、烟火表演、音乐舞蹈表演，还会有夏威夷音乐家Baba B带来的特别表演，保证让你眼花缭乱，不虚此行。

关岛的查莫洛文化气息随处可见：查莫洛文化村里会展示当地人的各种手工艺制作过程，比如编织，工匠可以编织出各种各样的器具装饰。同时，关岛每年也会举办太平洋艺术节、查莫洛文化月等，注重传承传统的查莫洛文化。

事实上，关岛又被称为“爱岛”。而其中最负盛名的景点莫过于情人崖，是许多恋人与夫妻见证与宣誓爱情之地。人们将象征自己爱情的锁，锁在崖山，再敲响旁边的“情人钟”，祈盼自己能与爱人相爱到永远。在情人崖有个绝佳的展望台，可以鸟瞰整片铺展的白沙海岸、关岛中部以及崖下的美景。除了美丽的爱情传说，关岛还有梦幻的水晶教堂，近 2000 粒大小不同的施华洛世奇水晶从教堂的天花板上垂下来，在阳光长年普照的关岛，加上海水的折射，令教堂内不断闪耀着不同的颜色。全白色的墙加上蓝白色的玻璃窗，整个教堂就像一座浪漫的水晶宫。

天真、浪漫、和平、热情、直接、干脆……关岛的特性，就如同这大海的蓝一般，有着无限的层次，每一种，都值得人去细细品味。

女王的秘密花园

维多利亚岛

维多利亚岛拥有地中海式的气候，因此四季温暖如春，常年阳光明媚，远处青山隐隐，近处小岛葱郁，这里有黑色的花，也有白色的叶子，从大都市逃离的人们将无时无刻不沉醉于纯净壮观的大自然美景中无法自拔。因而，维多利亚岛也素有“秘密花园”或者“魔法森林”之称。

[布查特花园]

布查特花园，又译作宝翠花园，是一座非常著名的私家花园。1904年开始修建，经过布查特家族几代人的辛勤努力，已经成为世界著名的第二大花园，每年吸引着来自世界各地的50多万游客。

所属国家：加拿大
语　　种：加拿大语
推荐去处：布查特花园
皇家伦敦蜡像博物馆
…

维多利亚岛是位于加拿大的一个小岛，是全球第九大岛。在维多利亚岛如果坐在海滨的礁石上，极目远眺碧海蓝天，那会令你心旷神怡，面前是一望无际的大海，身后是山花烂漫的悬崖，那摄人心魄的壮阔海景让顽皮的孩童也会陷入震惊之中。

维多利亚岛有“女王的花房”之称，各处风景名胜使它成为各国游客出境旅游必去之地。这里四季温暖如春，岛上蓝天白云，海水清澈通透，茂密的树木形成一片片森林，郁郁葱葱，是众多鸟类聚集的美丽天堂。这里也有各种美丽的花，一年四季都有鲜花盛开，尤其一月至五月这一段时间，气候相当温和，梅花、樱花争相绽放，木兰花、海棠花等也是千姿百态地盛放着，让整皇家伦敦蜡像馆（Royal London Wax Museum）位于内港的南侧。里面陈列着三百多个栩栩如生的蜡像。一入蜡像馆就看到英国皇室一家的蜡像，当然有戴安娜王妃、查尔斯王子在内；此外还有维多利亚女王、加拿大首相、美国总统肯尼迪、日本的明治天皇；大文豪的蜡像则有莎士比亚、查尔斯·狄更斯、马克·吐温等；巨星蜡像有卓别林和猫王埃尔维斯·普雷斯利、约翰·韦恩、玛丽莲·梦露，同时现今知名的影星如克林特·伊斯特伍德、戈尔迪·霍恩、超人扮演者克利斯托弗·里夫等，也活活生地站在跟前；在童话世界有白雪公主和七个小矮人、梦游仙境的爱丽丝、小红帽等。

［魁达洛古堡］

魁达洛古堡（也有翻译成橡树古堡）是靠煤矿发迹的富商罗勃特及夫人出资兴建的外形类似城堡的豪华住宅。古堡原来占地 110 多平方千米，相当于 144 所独立洋房的占地面积，共有 39 个房间。古堡一楼是客厅、餐厅、图书室及起居室，二楼和三楼是卧房、睡房、客厅及贮物室，四楼是跳舞间，古堡的塔顶可俯瞰维多利亚风景。古堡完整地保存了 19 世纪维多利亚时代商界、政界要人的住宅风格，成为那个时代上流社会的缩影，每年约有 15 万世界各地的游客参观古堡。

维多利亚唐人街形成于 1858 年，是加拿大第一个唐人街。1862 年，这里的华侨约有 300 人，多经营理发、缝纫、小商铺等。这时，由创办广利行的卢超凡兄弟在此建起一批棚屋，供华工居住，使唐人街略具华侨社会雏形。后来，唐人街人口不断增多，街貌更为热闹。1884 年，维多利亚唐人街成为不列颠哥伦比亚最大的唐人街，全加拿大 75% 以上的华侨商行和 85% 以上的华侨佣仆集中在维多利亚岛。

个维多利亚岛变成花的海洋，令人陶醉不已。

维多利亚岛是一个神话般的花园，这里四季鲜花各异，春天绽放的郁金香，夏天盛开的玫瑰，秋季是满岛的菊花、凤仙花以及大丽花，红枫叶也是热情似火，徜徉于色彩缤纷的花丛之中，让人仿若置身仙境，流连忘返。

维多利亚岛是一座镶嵌在充满郁泽灵韵的青山碧水之间的美丽岛屿，一年四季，满目葱绿，繁花似锦。值得一提的是，这里还充满着浓郁的英伦气息，不仅名字是英国的荣耀，甚至连空气中都弥漫着温文尔雅、内敛娴静的英式气质，宛若一朵盛开在加拿大的英伦玫瑰。

维多利亚岛的海岸线曲折迂回，岛周围有许多港湾，港口里停泊了许多的游艇。港口的街道上不论是白天还是夜晚，都会有各种街头艺术家在卖艺为生。有时候，也会有如童话世界里的场景出现：俊俏女郎驾驶的精致白色古典马车载着游客缓缓驶过，如果你喜欢坐，也可以体验一下中世纪的风情。

事实上，在维多利亚岛，不管是漫步在市中心热闹的街道上，还是闲逛各具特色的小店，抑或是远眺海岸线观赏迎着海风起舞的海鸥，或者在绚烂的夜景之下，享受习习海风，静赏海水倒映出来的建筑物璀璨灯光，天上是繁星点点，也是别有一番情调。在这样的岛上，每一刻都让人感觉到富足、安逸、恬淡和闲适。

上帝燃放的礼花

古巴群岛

被誉为加勒比海明珠的古巴群岛拥有纯自然的白色沙滩，绿松石般色调的海水，风景秀丽的海滨和原生态的自然环境，岛上热带松林到处皆是，海滩水域景色秀美，为古巴群岛成为大自然的瑰宝做出了杰出贡献，在这里，你将真正体会到什么才是生活！

古巴群岛是大安的列斯群岛中最大的岛屿，位于美国佛罗里达州以南，牙买加和开曼群岛的北面，被誉为“墨西哥的钥匙”，又因其俯瞰全貌外形酷似匍匐的鳄鱼，也被人们称为“加勒比海的绿色鳄鱼”。

古巴群岛以其清洁的海岸和特有的原始海滩而闻名遐迩，在集大海、沙滩、阳光、蓝色为一体的美丽海滩上，在生趣盎然纯净原始的自然美景中，在几近原始的珊瑚礁中，爱好潜水的游人们可以欣赏到丰富的珊瑚礁，水上运动的狂热爱好者可以发现这里是阳光下水中盛会的理想之地，也是情侣们新婚蜜月旅游的首选岛屿。这里热带雨林丛生，阳光充沛明媚，沙滩洁白如银，椰子树、棕榈树映衬于碧空蓝天之下，花艳绿茵，入夜，皓月当空，涛声阵阵，树影婆娑，恍惚于童话梦境之中。

所属国家：古巴共和国
语　　种：西班牙语和葡萄牙语
推荐去处：哈瓦那、巴拉德罗、圣地亚哥
……

古巴群岛的气候条件培育了多样的热带植物，有超过6500种种子植物。东部的森林尤为广阔，有王棕等棕榈科植物30余种。盛产贵重的硬木，有桃花心木、红木、檀木、墨水树、古巴松等。古巴森林覆盖率持续增长，2011年达25%。

硬毛鼠和各种蝙蝠广布于古巴群岛，137种鸟类中具代表性的有秃鹰、蜂鸟、火烈鸟、野生火鸡、金刚鹦鹉和雀科鸣禽。105种爬行动物全部无毒，包括古巴彩龟、美洲鳄和特有种古巴鳄。鱼类和甲壳动物中，珊瑚礁鱼类、陆地蟹、鲨鱼、鲷鱼和金枪鱼的种群数量相当丰富。

[古巴随处可见的切·格瓦拉像]

古巴人民亲切地称这位革命英雄为“切”，这是西班牙语中表示尊敬、景仰的一个词。

切·格瓦拉不仅受到古巴人民无以复加的景仰，在整个拉美地区，乃至全世界都拥有众多崇拜者。这位被西方媒体称为“红色罗宾汉”的伟大人物，其充满传奇色彩的战斗人生，纯净无私的人格魅力在世界范围内掀起了“切·格瓦拉”热。

世界之脐

复活节岛

人们总是对神秘倍感好奇，对神秘的探索让文明不断进步。在烟波浩渺的南太平洋上，有一座名叫复活节岛的小岛，就以它神秘的巨石人像和奇异的风情吸引着无数游人千里迢迢前来探索神秘的史前文明。天空、大海、椰树、绿丘、石像、建筑在这里完美搭配，满目都是诱人景色，当地的居民将复活节岛称之为“世界之脐”。

所属国家：智利
语　　种：智利语
推荐去处：拉帕努伊国家公园、阿纳凯海滩、拉诺廓火山…

巨人石像的秘密

复活节岛是南太平洋中的一个岛屿，呈三角形，由三座海底火山喷发后连结成一体的死火山形成，小岛的三个角上分别坐落着这三个火山口。1722年，荷兰航海家发现了这个岛，因发现当日正是复活节，故以此命名。复活节岛也叫“拉帕努伊岛”，翻译过来就是“世界之脐”。

被神秘面纱笼罩的复活节岛，拥有世界唯一授权复制的复活节岛摩艾石像。据调查，岛上坐落着数千座可追溯至12世纪的巨大石像，雕刻着曾生活在岛上的拉帕努伊祖先，向后人传达着其岩画、文字和纹身等传统文化。这些石像的大小、颜色、样貌、装饰、位置、朝向、表情和姿势各不一样，别有一番风味。也正因为这些神

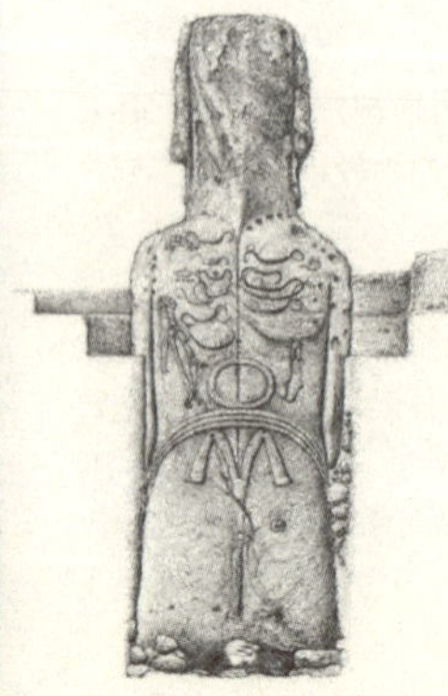

[摩艾石像]

复活节岛为拉帕奴伊国家公园的又一称谓，1995年列入世界遗产名录，公元前300年后定居于此的土著波利尼西亚人在这里创造了独特的文化。石像大约建造于8—18世纪。目前，关于雕像年代及岛上居民种族起源等问题，尚存在很大分歧，对石像和头冠为何采用不同的石料，而不在同一块岩石上雕刻，也有不同的解释。石像不仅有巨大的头颅，在地下还埋藏着硕大的身体，不仅如此，还刻有奇怪的花纹。

秘的巨大石雕人像，才使得南太平洋中的这座孤独小岛闻名于世。

巨大的石像或卧于山野荒坡，或躺倒在海边。在复活节岛东南岸，最具特色的是有一排 15 尊石像矗立在海边，每天静静地等待日出又从容地目睹着每一个日落。有些石像头顶甚至还戴着红色的石帽，重达 10 吨，每一尊石像都给游人带来太平洋彼岸古老又神秘的风情。

当然，除了巨大而神秘的石像，复活节岛的风光也是让人心驰神往的。白色的沙滩又长又宽，岸上的棕榈树林青翠茂密。攀上全岛最高点，极目远眺，岛上的大小火山和四周的石像尽收眼底，浩瀚的太平洋与蓝天浑然一体。如果沿着山丘爬上山顶，随着高度的攀升，映入你眼帘的景色也会越来越摄人心魄。蔚蓝的大海正展示着它最具魅力的一面：远处的海岸曲线一览无余，夹杂在海天之间不同的蓝色交汇出无垠而迷人的海平线，停车场、餐厅、椰子树组成了画面的中景；休憩的椅子、长着绿草的山丘与黄土，蜿蜒在草丘之中的水泥道路，这一切景物搭配在一起，随手一拍的角落都是一幅美不可言的摄影作品。

复活节岛首府安加罗阿小镇北部的古迹有 Ahu Tahai。在这里有 3 个修复过的石头祭坛（ahu），Ahu Tahai 本身位于中央，带有一个孤零零的巨人石像（moai）。Ahu Kote Riku 居北，这里的巨人石像（moai）头部戴帽，瞪着眼珠。Ahu Vai Uri 则有 5 尊锈蚀的巨人石像（moai），个头大小不等。沿山建有椭圆形房屋（hare paenga）的基座，以及鸡舍（chicken houses）的墙体。

[复活节岛战时专用的避难洞]

[复活节岛巨石一角]

洞口十分隐蔽，人们只有通过有尖角的或锯齿形的狭窄通道才能入内。洞底有大量的鱼骨和贝壳，还夹杂着禽类骨骼，几件用人骨、石头和火山玻璃制成的原始工具，以及一些骨头和贝壳做的护身符。远处，满眼都是草地和海水的旷野，那种磅礴的凄美感油然而生。

[具有魔力的大卵石]

据说这个光滑的大圆卵石是当年最早来到小岛定居的波利尼西亚人大首领侯图 · 马图阿带来的，岛民们相信这个大卵石具有魔力，只要把双手在卵石上放一会儿，就会感到精力充沛，力量倍增。

[复活节岛失落的文明]

巨石人像的后颈部上刻着一些奇怪的符号，科学家认为这是岛上古代居民的书写文字。这些文字非常奇怪，它的笔触的粗细、深浅，似乎都表示着某种含意，而且整个如同密码似的书写排列方式，都仿佛表现出某种波动般的节律感。按常规来理解，一个能创造出文字的民族，它应当具备伴随文字出现的其他文明，可惜除了难以解释的巨石人像之外，谁也找不出与创造文字相适应的其他文明的痕迹。

世界上最孤单的岛屿

复活节岛是最神秘最荒凉而且是被世界所遗弃地之一，它距离智利本土西海岸线 3500 千米，也是世界上距离陆地最远、最孤独的岛屿。在这里，可以眺望辽阔的太平洋，独享远离城市喧嚣的宁静，也可以在这座天然博物馆里品读它的历史故事，认识拉帕努伊文化。游人与蓝天碧水这般无敌美景和数不清的巨型石像相伴，任何烦恼忧愁皆可抛诸脑后。游人也可以在岛上徒步、自驾、骑车，随心所欲地享受时间的安宁。

俯瞰复活节岛，也别有一番体验。给人印象深刻的，可能是层次极美的颜色，各种绿色、黄色的渐变。也可能是秃秃的山脉，有些绿树，长在上面像花椰菜。山脉的起伏形态也非常阳性，五官之立体，像轮廓分明的人脸。大海在朵朵白云下时隐时现，在湛蓝的天空下，浩瀚的太平洋呈现着悦目的蔚蓝色。

据地理学家勘探，复活节岛是一个孤立的火山岛，位于南太平洋的心脏。有超过 1 000 座巨石雕像，也被称为是“世界上最大的露天博物馆”。当人们踏上复活节岛，在第一缕阳光跃过地平线时，金色便笼罩了岛上的一切。短短十几秒，太阳就会越过海平面，巨型石像的影子一直延伸到对面尽头的山脚下。震撼，是人们当时唯一能想到的词语。

花朵、骄阳、海浪、海滩、火山，一切都是最美的模样。或许，在住宿的民宿旁，你会看到古老的大树，大片的叶子，在暖风中缓缓地摇动，声音、频率都很老旧、舒适，静静地看着，听着，就像感受着一个亘古未变的安抚，也像倾听着不为人知的孤独。

水何澹澹，山岛竦峙

魁北克

若是醉心于法式风情，却对巴黎的脂粉艳妆退避三舍，加拿大的魁北克无疑是你最佳的选择，这个有着百分之八十法国后裔的土地，收藏了比北美大陆性情更为大气的法国风尚。它既有欧洲的古老又有北美的活力，生机勃勃的自然风光令人窒息，悠久的历史积淀让人迷醉。

魁北克，位于圣劳伦斯河与圣查尔斯河交汇处，是北美最浪漫的岛屿，它集合了法式的浪漫和美式的自由。在这里，游人适合漫无目的地闲逛溜达，来自17世纪的古堡、城墙和教堂，比欧洲还要欧洲，被联合国教科文组织列入世界遗产名录。

所属国家：加拿大
语　　种：法语
推荐去处：圣劳伦斯河
奥尔良岛
马德兰岛
…

魁北克大部分地区为低高原地势，位于其境内的圣劳伦斯河是世界最长河流之一，与圣劳伦斯河一路平行的是加拿大境内最古老的公路——魁北克的国王大道，在此，游客可以领略到最原味的田园农舍与水景小镇。圣劳伦斯河的出海口是世界上最大的海湾，这里蕴藏着丰富多类的鲸鱼、各种鱼群以及自在的海鸟。每年五月至十一月，游客顺着大河而行，可欣赏到风车磨坊、城堡饭店等特色景观，更可观看到十几只鲸鱼同时跃出水面的壮观场景。魁北克有如一头威严的雄狮，扼守着圣劳伦斯河水路的咽喉要道，素有“北美直布罗陀”之称。在古老的魁北克，人们犹如踏上时光隧道，回到了古代的欧洲。

“魁北克”名字源于印第安语，原意是峡湾。建于18世纪初，18世纪中叶到19世纪中叶一直受英国人统治。当初建在百米高悬崖上的小镇，曾是新法兰西的宗教和行政中心，当时建造的不少教堂、女修道院、城堡、民居和议会大楼等等一直保存到现在。

魁北克是一座景致迷人、历史悠久的岛屿城市，也是北美最具欧洲色彩的海岛城市，这里95%的人只讲法语，具有“北美小巴黎”之称。

[国家战争公园]

在加拿大历史上17—18世纪的英法战争中，魁北克市作为一个军事战略要地，几度成为英方争夺的目标。1759年的一次战役中，城市终于落入英军的手中，国家战争公园便是为纪念此次战役而建的。

魁北克气候宜人，四季分明，春季风和日丽，夏季艳阳高照，秋季色彩斑斓，冬季白雪皑皑，是加拿大著名的旅游胜地，这里古迹众多，有世界上罕见的自然旅游资源。有着18世纪牌匾的店铺比比皆是，店员身着古装、梳古老发髻，整个岛屿充满了古色古香的情调。街头艺人们也是一道亮丽的风景线，面对来自世界各地的游客，他们表演轻松诙谐，时而英文、时而法语、时而中文，流转自如。

[魁北克老城门]

魁北克老城区占地135公顷，为城市总面积的5%。最古老的城市核心集中在下城，下城在上城以北的狭长地带，城中是一排排石头砌成的房屋和石铺的狭窄而曲折街道，工厂企业沿圣劳伦斯河而建。皇家广场四周和圣母街两旁均为17～18世纪建筑，其中维多利亚圣母教堂是由克德·伯利弗设计，始建于1688年，1759年城市被困期间遭焚毁，后又重建。远望下城，房屋、仓库、商店层层叠叠，宛如一个庞大的迷宫。

古老的村落，美丽的岛屿，魁北克给人留下的是一道永恒的风景线。在这里，游客不费吹灰之力就可以发现卓越非凡的艺术作品和可口美味的佳肴，体验充满活力的文化景点。同时，景色宜人的公园和精彩的户外运动也让人有一段引以为傲的高品质旅程。游客可以漫步在清晨宁静的湖边，迎着日出享受自然清新的感觉；也可以去冲浪、野营或是自由骑行。在魁北克令人惊叹的山川美景中行走，唯愿时光与步伐慢点，再慢点……

通往南极的最后门户

火地岛

火地岛位于南美洲的最南端，被称为“世界尽头”，是人类通往南极的最后门户。它有着独特的人文地理环境，丰富的自然地产资源。湖泊、雪峰、湿地、森林、水鸟、栈桥、白沙滩、黑海贝……极地风光迷人，色彩变幻奇妙。

所属国家：阿根廷
语　　种：阿根廷语
推荐去处：乌斯怀亚、法尼亚诺冰川湖、阿根廷冰川国家公园……

从地球仪上看，阿根廷的火地岛处在南美大陆最南端对开的海中，隔麦哲伦海峡与南美大陆相望，被称为“世界尽头”。由于火地岛风景如画，有山有水，有湖有海，有冰川，有森林，有飞禽，还有海兽，吸引了众多的国内外游客来此探险赏景。

火地岛的美不在于人工的修饰，而是任其天然，完全保持自然景观的原始风貌。火地岛的夏天是最美的，天空透亮而清晰，气温在十六七度左右，很舒服。岛上的动植物资源保存完好，海豹和企鹅不怕人类，甚至和游客嬉戏玩耍，也有优良品种的羊和众多的野兔，茂盛的山毛榉树构成了原始森林的主体。在岛的南边，时常还会有巨型而珍贵的蓝鲸出没。火地岛的冰川风光也别具一格，冰川奇形怪状，湖泊星罗棋布。如若有闲情在湖边漫步，你会看到远处的雪山重峦叠嶂，山上融雪汇成的湖水清澈见底，水下细细的岩石砂无一点淤泥，一群群水鸟在湖面游弋，云卷云舒，这就是世界尽头的净土吧。

[乌斯怀亚]

据最新人类学研究成果，印第安人在一万年前进驻火地岛，人类占领各大洲的迁移史至此结束，因此火地岛也被誉为是“人类最后抵达的定居地”。同时，作为人类通往南极的门户，火地岛因其特殊的地域、神奇的阿根廷火地岛首府乌斯怀亚是世界最南端的城市，被称为“世界尽头”。乌斯怀亚在印第安语中是“观赏落日的海湾”之意。由于乌斯怀亚风景如画，吸引了众多的游客。

自然和人文景观，吸引了无数来自世界的旅游者。

火地岛人们的生活和风俗独具特色。沿着缓坡而建的色调不同的各种建筑坐落在波光粼粼的水道和青山白雪之间，郁郁葱葱的山坡和巍峨洁白的雪山交相辉映。用锌铁皮建造的小屋精巧雅致，多是两三层的，五颜六色，造型各异，庭院里都开着各种鲜花，房子错落有致，

[世界尽头博物馆]

世界尽头博物馆虽然规模并不大，但它生动地介绍了乌斯怀亚本土的自然人文历史，展品包括骨制鱼叉、海象头骨和海狸标本。同一座建筑中还有海事与要塞博物馆，它的 380 间小牢房曾经关押过 700 个犯人，现在展出和南极探险队有关的展品。

让人赏心悦目 。还有沿街卖各式纪念品的商店，大多是体现南美风情的装饰、工艺品，企鹅形象是其主角。

有着“天涯海角、世界尽头、南极门户”之称的火地岛，是世界最南端的净土，雪峰、湖泊、山脉、森林点缀其间，极地风光无限，这里洋溢着浓浓的奇妙色彩，成为迷人的风景点。每年都会有来自世界各地的豪华游艇和帆船来游玩，人们都愿意在这“世界的天涯海角”体验“世外桃源”的清净感受。

[世界尽头的火车线路]

世界尽头火车是乌斯怀亚的旅游项目，火车原本是阿根廷将囚犯流放至火地岛的列车，在退役后被改造成了旅游车。这里拥有 4 个印第安人露营地，沿途周边呈现出火地岛典型的泥炭藓沼泽地貌。

无与伦比的美丽

夏威夷岛

去过夏威夷，世界上其他的岛屿都会黯然失色，因为这里涵盖了你所有想要的度假元素。这里的景色繁美、花香四溢，这里的海水温和、海浪平静，这里的地域浪漫、人们热情，这里是被人熟知且独一无二的地方。如果称夏威夷是上天的恩赐，那真的是丝毫不夸张。

事实上，夏威夷是美国最年轻的州，主要有六个岛屿：可爱岛、欧胡岛、摩洛凯岛、拉奈岛、茂宜岛和夏威夷大岛。如果有时间去逐个细细品味，那么夏威夷的每座岛都将带给你不一样的感受和体验，因为每座岛屿都有着鲜明的个性，并有着与众不同的探险、活动和风光，仿若梦中的天堂。

马克·吐温说："夏威夷是大洋中最美的岛屿，是停泊在海洋中最可爱的岛屿舰队。"确实名副其实，它拥有全世界最活跃的火山和全世界最高的海洋高山，它也是现代冲浪、呼啦舞和夏威夷地方美食的发源地。在夏威夷岛上，美丽迷人的风景，独特的黑白沙滩，遍布水下的礁石，繁茂的热带雨林，还有勇士之王的传奇，无一不被游客所津津乐道。

所属国家：美国
语　　种：英语
推荐去处：珍珠港
威基基海滩
火奴鲁鲁
…

为避免与整个州的名称混淆，夏威夷岛通常被称为"大岛"，其面积是其他所有夏威夷岛屿面积的两倍大。这个岛屿的海岸上有现今世界上唯一的两个气候带，造就了这里千奇百怪的自然景观，被游客亲切地称为"探险之岛"。

[夏威夷风光]

[夏威夷岛火山博物馆]

夏威夷群岛由太平洋底火山爆发形成，大多数岛屿火山已经停止活动，唯有夏威夷大岛三座活火山——冒纳罗亚火山、基拉韦厄火山和 Loihi 海底火山还在活动。夏威夷火山国家公园博物馆就建在基拉韦厄火山口观测点。

在夏威夷的各个岛上，你可以去到最开阔的白沙滩，观赏在日光下水晶般熠熠发光的深蓝色海水；也可以在波涛汹涌时冲浪，风平浪静时潜水；或者去到活力四射的海滩，尽情欣赏美不胜收的美女、音乐、阳光、海岸以及日出日落。在这里的每一个角落，都在散发出一种无比悠闲、浪漫的情怀，让人流连忘返。

除这两座火山外，茂密的热带雨林也生长在夏威夷火山国家公园内。另外，这里经常活动着如蝙蝠、大鹰、乌鸦、夏威夷白腹水鸟等动物，其中还有夏威夷州州徽图案上的夏威夷雁。

[火山女神油画]

[夏威夷雁]　[夏威夷白腹水鸟]

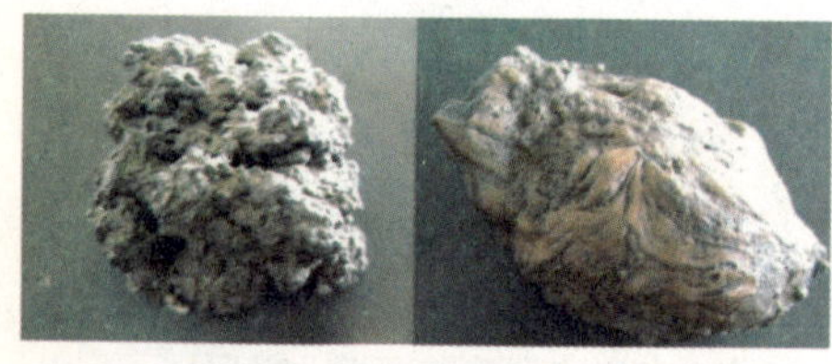

[火山熔岩标本]

基拉韦厄火山 1983 年以来一直活动着，最近的一次是 2002 年。基拉韦厄破火山口是一个面积超过 10 平方千米的大坑，大坑里面的小坑至今还翻腾着熔岩。

夏威夷岛是个梦幻般的地方，沐浴阳光的沙滩，富饶肥沃的山谷，荒凉贫瘠的火山，繁盛的热带雨林……不管是其自然环境，还是人情风俗，都显得别具一格、独一无二。而夏威夷的美，也从来都是无穷无尽，每一处有着独特魅力的风光串在一起，串联成一整座美丽的岛屿风景，足以拿下“海岛之美”的桂冠。

在浪漫的夏威夷岛，那清爽宜人的气候，蔚蓝如洗的海洋和天空，洁净绵软的黑白沙滩，让人沉醉；那海岸边林立的高楼，山坡上星罗棋布的别墅，

夏威夷大岛是由五座火山喷发形成的。现在只有三座是活火山，一座在海底，其他两座活火山都在大岛火山国家公园内。这就是海拔 4170 米的冒纳罗亚火山和它东南坡地上海拔 1222 米的基拉韦厄火山。

[珍珠港二战纪念馆]

珍珠港的成功突袭，让日军在二战中显得锐气十足，也正是这场突袭使得美国决心参战，正式卷入二战。珍珠港被袭是美国战争史上的一大耻辱，是继 19 世纪墨西哥战争后第一次有另一个国家对美国本土发动攻击。

大马路边略显张扬的奇花异草，让人流连忘返；而那点缀在排列成行的菠萝树和棕榈树下的五彩洋伞，金灿灿的沙滩上多姿多彩的游客，融合于优美舞蹈和轻快音乐中的丰富且深厚的文化内涵，以及丰富多彩的水上活动，更让人如置身天堂。

如果远眺夏威夷岛，你会发现，整个岛屿好像一块碧玉陈列于海天之间，令每一个看到它的人都感到万分惊奇。六座小岛之中，从茂伊岛到夏威夷大岛，有适合一家大小游玩的，有适合情侣甜蜜旅行的，更是应有尽有。

呼啦舞是一种伴随吟唱或歌声的独特夏威夷舞蹈，保留和延续着夏威夷的故事、传说和文化。在夏威夷传说中，呼啦舞源自摩洛凯岛和可爱岛。当今，这个迷人的艺术形式已成为夏威夷文化和美丽的夏威夷人的全球标志。

现实版疯狂动物城

加拉帕戈斯群岛

厄瓜多尔的加拉帕戈斯群岛是各类网站杂志评选的十佳潜水胜地，无一遗漏的人间天堂。这里拥有迷人的海滩、充满历史味道的城市、令人目不暇接的崎岖的海岸线，更有比动画片中更多更稀奇珍贵的动物，是现实中的疯狂动物城。

所属国家：厄瓜多尔
语　　种：西班牙语
推荐去处：加拉帕戈斯国家公园、阿约拉港、圣克鲁兹岛…

加拉帕戈斯群岛，也称为科隆群岛或者加拉巴哥群岛，隶属厄瓜多尔，是孤零零地矗立在南美大陆以西的太平洋中间的一群火山岛。岛上气候环境多样，火山地貌特殊，使得不同生活习性的动植物在这块土壤上繁衍生长，岛上的人与动植物之间保持着和平共处的关系。这里奇花异草荟萃，珍禽怪兽云集，被称为“生物进化活博物馆”和“海洋生物的大熔炉”，这里是地球上最奇特的动植物的乐园。加拉帕戈斯的海，蓝得透彻人心，为了保护原始的生态，整个群岛没有任何跨岛公路或隧道。

科隆群岛即加拉帕戈斯群岛从南美大陆延入太平洋，被人称作“独特的活的生物进化博物馆和陈列室”。现存着一些不寻常的动物物种。如陆生鬣蜥、巨龟和多种类型的雀类。1835年查尔斯·达尔文参观了这片岛屿后，从中得到感悟，为《进化论》的形成奠定了基础。

加拉帕戈斯群岛的主要岛屿共有18座，因为其独特的动植物而闻名遐迩，数不胜数的游客都渴望来这里一睹他们一生中很少有机会见到的各种稀有动植物，如果在两季交接之时，还会见到红绿相间的美景。这里的植物雨季呈绿色，旱季呈红色。其实，加拉帕戈斯群岛也是世界七大潜水胜地之一，是当之无愧的潜水圣地，不管水上水下都有精彩的世界，众多的鲸鱼、鲨鱼、大海龟等，会在你下水之后布满你的眼界。

加拉帕戈斯群岛是地球上一片没有被污染的净土，是世界上仅次于澳大利亚大堡礁的海生物自然保护区，岛上现存在着一些独特的其他地区罕见的生物物种，譬如：海鬣蜥像一条龙一样在海中畅泳、短耳猫头鹰潜步跟踪海燕、500 磅的巨龟在火山熔岩上发出吼叫声、弄潮信天翁跳舞求爱……这里，就是现实生活中的疯狂动物城。

最初发现这个岛时，称它为“斯坎塔达斯岛”（西班牙语意思为“魔鬼岛”）。因为岛上有许多很大的乌龟，所以后来称它为“加拉帕戈斯群岛”（Galapagos Islands），意为“巨龟之岛”。厄瓜多尔共和国统治这些岛后，又改名为“科隆群岛”。

加拉帕戈斯群岛同时拥有世界上最丰富壮观的大型鱼类景观，不需要浮潜便能看到密集的鱼群、玩耍的海狮和觅食的鸬鹚、海鬣蜥与企鹅同游，在这里还能看到成群的锤头鲨，数不清的加拉巴哥鲨、海狮、海龟，成群的金枪鱼、杰克风暴……

[蜥蜴]

[企鹅]

企鹅不生活在南极、北极，而是生活在这个岛上，很难想象吧，加拉帕戈斯企鹅是温带企鹅家族中最小的一种，直立时的高度仅仅为 50 厘米，鳍脚长约 10 厘米，体重 2 ~ 2.5 千克。

或许在岛上，你会遇到受伤的动物，但千万别因你的爱心而去救治它们，这对它们来说才是灾难，在这外岛上，你才能真正体会到达尔文的“适者生存”才是真正的自然法则。

加拉帕戈斯群岛上的这些可爱的稀有动物，形态各异，非常讨人喜欢。蓝脚鲣鸟碧蓝色的双脚不仅美丽，而且能够盖在雏鸟身上为它们御寒；濒危的加拉帕戈象龟是体型最大的龟，也是动物界的老寿星；黑眉信天翁双翼宽大，除交配和繁育雏鸟时以外，它们大部分时间生活在海上……这些融化心灵的美丽生灵，让加拉帕戈斯群岛蒙上了迷人又诱人的色彩！

[世界上最后一只平塔岛象龟]

加拉帕戈斯象龟，分布在东太平洋的加拉帕戈斯群岛，平塔岛象龟是其中的一个亚种，2012 年 6 月 24 日，加拉帕戈斯国家公园发表声明：世界仅存的最后一只平塔岛象龟“孤独的乔治”去世。

不可复制的天堂

天宁岛

如果只知道马里亚纳群岛的塞班岛，那你可能算得上是一个旅游爱好者，但如果知道群岛上的第二大岛屿天宁岛，那你一定是一个旅行达人。相对于塞班岛，天宁岛不仅仅美得纯粹，同时人潮又不拥挤，那里拥有世界五大奇景之一的神奇喷洞、有砂砾像星辰般的星沙海滩、神秘的东加洞窟以及残留着历史气息的美军原子弹储藏地遗址等，这是世界上一个不可复制的天堂。

所属国家：美国
语　　种：英语
推荐去处：神秘喷洞、星沙海滩
…

1521年，著名探险家麦哲伦在横跨太平洋时发现了天宁岛。

天宁岛，美国海外领地，位于有“西太平洋明珠”美誉的塞班岛的南面6千米处。

天宁岛是仅次于塞班岛的马里亚纳群岛的第二大岛。相对于塞班岛，天宁岛面积稍小，但与此同，天宁岛的人口也仅有塞班岛的七分之一。漫步在岛上，人们会有一种独占蓝天白云、独享海浪椰林的错觉。

天宁岛有二大自然瑰宝，其一为横亘在天宁岛东北端的神奇喷洞，它曾被列为世界五大自然奇景之一，它的形成原理其实十分简单：礁石在风化过程中形成的一个小洞，而礁石下部是中空的，当海浪拍打礁石时，水就会从那个小洞中喷出，看起来就像喷水的鲸鱼一样，在风浪大的时候，这个小洞可以喷出高达6米的水花，十分壮观；除此之外，星沙海滩也是当地不可错过的一大美景，“星沙”是一种极其微小的“砂砾”，这里的沙子是长角的，看上去就像一颗颗星星，十分奇妙。当然，这些其实不是砂砾，它们多是一些贝类碎屑物，被海水冲向了沙滩与砂砾混合。这里的砂砾随手可得，但为了保护星沙海滩的独特性，当地政府规定星沙海滩的沙子不允许被带走。

每年的四月至七月，是天宁岛凤凰花开的时节，繁盛的凤凰花争相绽放，灿烂而热情，美不胜收。这些艳丽的火红色花朵在蓝天碧海的映衬下，鲜艳夺目，更让整个天宁岛显得色彩斑斓。据悉，凤凰花开的时节，也是整个天宁岛最迷人最美丽的时候，火红的花朵密密麻麻点缀着乳白色的枝干，在稀疏的绿叶的衬托下，在明艳动人的阳光之中，绽放出热带独有的风情万种的娇艳姿态，也只有这时，人们才会意识到，它拥有着和塞班岛一样的血统。

[塔加族的石屋遗迹]

天宁岛原住民塔加族的石屋遗迹，它距今已有3500年的历史，是由十二根柱子撑起的，现在仅存一根，站在这根巨柱旁边，人显得异常渺小。

如果喜欢冒险，那么可以携友人，坐越野车，直抵天宁岛的最深处——东加洞窟，这是一个天然形成的钟乳洞，这里虽没有星沙海滩的美好宜人，但怪石嶙峋、小道蜿蜒，能让人体验到一种冒险的美。

除了上述的自然美景外，这里也拥有十分厚重的历史。在岛的北面，有一个二战时期留下来的“美军原子弹储藏地遗址”，据说，当年投往日本广岛和长崎的两颗原子弹就是从这里被装载的，这里因此也具有了独特的象征意义。

[原子弹装载遗址纪念碑]

二次世界大战时的天宁岛原子弹装载遗址，现场立有纪念碑。两颗轰炸日本的原子弹，编号1号称为“小男孩”，2号叫做“小胖子”，造成了日本几十万人死亡。

如果说塞班岛是一个风华绝代的佳人，那么天宁岛就是一个优雅明媚的小家碧玉，它没有妩媚动人的密克罗尼西亚女郎，没有浪漫而又令人兴奋异常的沙滩烧烤party，没有世界级的购物、餐饮、观光等等各种娱乐活动，相比于车程仅有10分钟的塞班岛，天宁岛算得上十分低调。但这里的美，却带着一种欲说还休的味道，它不张扬也不华丽，会让人看到就忘不了。

[随处可见的地堡]

Oceania Articles

5 大洋洲篇

幸福的中心

埃法特岛

崎岖的海岸线，青翠的热带雨林，绵延不绝的田园，河流和瀑布，远离尘嚣的海滩，通透蔚蓝的湖泊，处处风光无限，也有原始神秘的文化风俗、浪漫甜蜜的秘境，这里就是幸福的中心——埃法特岛。

所属国家：瓦努阿图
语　　种：英语、法语
推荐去处：拉维拉港、海底邮局
…

埃法特岛，是位于西南太平洋瓦努阿图的主要岛屿。岛上满是漂亮的白沙滩、远古的火山，这里的海水清澈而清凉，可游泳、可潜水、可垂钓，也可泛舟。坐在茂密的热带雨林花园中，面对着一望无垠的太平洋来一杯冷饮，游客可以深深感受旅行的悠闲惬意！

而事实上，埃法特岛的美不仅在沙滩，质朴纯真的人文和清幽原始的美景也是吸引众多游客的魅力所在。没有喧嚣的世俗，没有人群的吵闹，在埃法特岛这座清净悠然的岛屿上，你可以沿着海滨大道，一边观赏蔚蓝海水中五彩缤纷的热带鱼与珊瑚，一边挑选别具异国风情的工艺品；还可以沿着矮树丛散步，或者在瀑布的底部游泳，在这只属于你的清净之地里尽情放松。

[海底邮局]

埃法特岛附近的海德威岛里有世界上唯一的“海底邮局”。在二战期间，英属巴哈马群岛的首府拿索岛邮政部门为方便在该岛长期从事海底捕鱼和采珊瑚的作业人员与外界通信联系，别出心裁设立了“海底邮局”。

美妙的埃法特岛，沙滩美、礁石多、雨林茂、瀑布美，每一样，都深深撼动着每一个人的心，来“幸福的中心”——埃法特岛，开启你的避世之旅吧！

碧海中的翠如意

豪勋爵岛

辽阔而蔚蓝的大海之上，漂浮着一柄美轮美奂的翠如意。哦，那不是如意，那是豪勋爵岛！山青木密，鸟飞虫鸣；水清沙幼，间有潟湖；风吹碧波起，云飞山作梯。优哉游哉其中，或深潜珊瑚礁，看鱼翔浅底；或慢划独木舟，沉醉海上；或沿山间小道，徒步攀登……每一处美景，每一种体验，都仿似天堂！

惊艳的海外桃源

豪勋爵岛位于悉尼以东，坐落于澳洲东部的塔斯曼海中，是一个魔幻仙境般的小岛。岛上没有任何架空电线，没有高层建筑，有的是绝美的自然生态、惊人的地理景观以及珍稀的鸟类、植物和海洋生物，还有清新的空气中此起彼伏的鸟鸣声和苍翠的群山中流连忘返的游客们。置身于这美丽的世外桃源，你能想到最浪漫的事就是，载着挚爱进行单车骑行，或者漫步于白色沙滩之上，抑或潜泳于世界最南端的珊瑚礁水域，欣赏鱼类、多彩珊瑚和绿色海龟，如果你足够勇敢，可以徒步穿越棕榈林，挑战艰难的攀登，蜿蜒于优美的风景之间……这里，犹如逃离现代生活烦嚣的天堂，是个去除压力、恢复生气的魔幻岛屿。

2014 年，豪勋爵岛被评为澳洲最佳旅游岛屿。它的地理位置得天独厚，因而产生了独具特色的海洋生态与水域，环绕着全球最南端的珊瑚礁岩，形成难得一见的热温带海洋物种融合地带，清澈见底的水域满是海洋生物和罕见珊瑚，可说是潜水者的天堂！豪勋爵岛的美丽清醇而自然，岛屿东侧的海洋波澜壮阔、川流不息；而西侧是一个巨大而美妙绝伦的潟湖，是游泳爱好者的天

所属国家：澳大利亚
语　　种：英语
推荐去处：高尔山、
布林齐海滩
…

[豪勋爵岛限制 400 人旅行通告]

被列入世界自然遗产名录的豪勋爵岛不仅被人们称为“天堂”，同时它所保留的质朴纯净也非常吸引人。这里任何时候游客的数量都限制在400名，手机无法使用，机动车也被限制，整个岛上仅有 300 名常住居民，一条街道贯穿于整个迷人的村落，上岛的游客最好选用无污染的方式游览，比如骑自行车或者徒步旅行。

[豪勋爵岛项目指向牌]

[豪勋爵岛海岩一景]

[豪勋爵岛火山岛]

实际上，豪勋爵岛是一座由数百万年前火山喷发形成的死火山岛。岛上有近三分之二的土地被森林覆盖，森林里广布着肯蒂亚棕榈和榕树林，也形成了让人震撼无比的自然景观：嚣张跋扈的树根、几近摧枯拉朽的枝叶、综合了湿气腐朽与生鲜草香于一体的森林气味，奋力拍打岸礁的雪白海浪……

堂，在此可以尽情地展现游泳的绰约风采。

事实上，对于豪勋爵岛，视觉上的惊艳是第一印象，心灵上也能给人惊艳之感。置身于这个自然天堂，远离现代生活的压力，同时又能享受豪华的住宿和水疗中心的现代化设施，当然还有诱人的美食。

澳大利亚最美岛屿

如果说夏威夷、马尔代夫是海岛旅游胜地的皇冠，那么豪勋爵岛就是皇冠上的钻石，而且被评为“澳大利亚最美岛屿”。

豪勋爵岛拥有不寻常的地貌环境，拥有不计其数的稀有植物、海洋生物和鸟类。在岛上可以看到不会飞的秧鸡；还可以看到红尾热带鸟类倒翻筋斗互相吸引；如果沿着悬崖蜿蜒前行，会有大群海鸟从人身边经过。由于海底火山活动而形成的豪勋爵岛，也拥有未经破坏的最纯洁的白色沙滩和被珊瑚礁环绕的碧绿潟湖。人们可以惬意地赤脚在海滩上悠闲漫步，或在色彩鲜艳的热带鱼和珊瑚丛之间来一次恣意的浮潜。

风光旖旎的豪勋爵岛，就像一个世外乐园，清澈的海水、美丽的珊瑚礁，游客可以观鸟、垂钓、浮潜、潜水、徒步，还可以享受到多样的住宿风格、奢华的水疗护理、华丽的酒店和一流的餐厅，这些都使豪勋爵岛成为了人们理想中的度假之地。

豪勋爵岛，虽然是澳大利亚一座孤立的海洋群岛，却被称为世界上风采最美的岛屿。豪勋爵群岛的气候被形象地描述为永恒的春季，骑上脚踏车在树林中兜风，一定会心情舒畅、怡然自得，恍若进入一种美妙绝伦的仙境！

捕鱼为生，美景为伴

洛亚尔提群岛

这里有远离人间喧嚣与尘世的清澈纯净的海水，有海风涤荡的最清新的空气，有目之所及尽是梦幻仙境般的海岛风光，这里的人们捕鱼为生。美景为伴，快活逍遥，这就是新喀里多尼亚的洛亚尔提群岛。

新喀里多尼亚的洛亚尔提群岛位于西南太平洋，包括梅尔岛、利福岛和乌韦阿岛，这里的居民基本以海鱼和其他海产品为生。在这里，游人们可以尽情享受明媚的阳光、干净的沙滩以及清澈的海水。如画的风景，将游人们带入到未受尘世污染的自然仙境之中，可以欣赏热带珊瑚礁，更可以将海湾里蔚蓝色海水熠熠发光的画面一览无余。清澈透亮的海水里，无数充满趣味的海洋生物在畅游，热带阳光穿透海水，波光粼粼，美得令人瞠目结舌。

所属国家：新喀里多尼亚
语　　种：法语
推荐去处：韦、利福岛
…

洛亚尔提群岛上地势平坦，有许许多多的石灰岩溶洞，也拥有丰富的植被，土壤肥沃。更令人印象深刻的是，洛亚尔提群岛的原住民拥有惊人的捕鱼技术，他们手持鱼叉，腾空而起，然后精准地刺向水中的海鱼，成功率极高。海岛本身已经美不胜收，再加上神奇的本土文化，绝对会让你陶醉于这优美的风景中！

洛亚尔提群岛属于新喀里多尼亚，这里的居民基本上以海鱼和其他海产品为生。

[利福岛唯一一座教堂]

位于利福的Notre-Dame-de-Lourdes（1898）小教堂古雅而别致，坐落于岛屿的沙嘴处，俯瞰着东海岸的三塔海湾，同时也是可以看到岛屿全景的最佳地方。

没有围栏的动物园

袋鼠岛

丰富的野生动物、崎岖的海岸线、幽静的沙滩、鲜美的海鲜和友善的当地人，你还可以尽情探索绵长的海岸线、高耸的悬崖峭壁和雄壮的自然奇观，袋鼠岛仿佛是一片世外桃源，远离城市喧嚣，保持着它纯净、自然的风貌，享受着碧空如洗的蓝天，清净而祥和。

所属国家：澳大利亚
语　　种：英语
推荐去处：克利福德蜂蜜工厂、汉森湾自然保护区、神奇岩石…

袋鼠岛，是澳大利亚的第三大天然岛屿，是亚太最佳岛屿，位于南澳大利亚西南位置，被称为南澳大利亚的“世外桃源”。在袋鼠岛，人们能尽享旖旎风光；感受洁白的沙滩、陡峭的石崖、汹涌的海浪；与动物亲密邂逅。也可以欣赏到神奇岩石的壮观，它们高高耸立在南大洋的惊涛骇浪之上，奇特、扭曲的外形是数千年风吹雨打和海浪冲刷的杰作，表面颜色会在一日当中随光线的照射而不断变化，五光十色，在傍晚到入夜时分，更是美到极致。

世外桃源般的袋鼠岛有着来自自然的馈赠：苍绿幽然的原始森林，鬼斧神工的岩石溶洞，绵延壮丽的海岸风光，宁静清透的内陆湖泊，珍贵稀有的野生动物，令人垂涎三尺的海鲜盛宴……这里，是探险者、美食家、浪漫追求者与生态保护及动物爱好者绝不可错过的天堂！

[帚尾袋貂]

沿着美洲河（American River）的夜间旅行会观赏到岩袋鼠、帚尾袋貂等有袋动物。

众所周知，袋鼠是澳大利亚的象征之一，这一点在袋鼠岛更是被体现得淋漓尽致。这里的袋鼠比人还要多，保存着最原始的野生面貌，让人心驰神往。实际上，袋鼠岛不光只有袋鼠，它凭借其纯净自然的原始风貌、高耸雄壮的悬崖峭壁、幽静绵长的海岸线，还有那数不尽的野生动物，被美国《国家地理》评选为“亚太最佳岛屿”。

在风景如油画般的袋鼠岛上，考拉在高高的树上慵

新鲜海产是袋鼠岛上餐饮菜单上的招牌菜肴，新鲜打捞的乔治王鳕鱼、澳大利亚淡水龙虾也让人回味无穷。其中最负盛名的就是美味的淡水小龙虾，它是目前世界上最名贵的淡水经济虾种之一。

[利福岛唯一一座教堂]

威洛比角灯塔是南澳大利亚的第一座灯塔，1852年1月16日首次亮起。至今仍在使用。

1803 年，法国探险家尼古拉斯·鲍丁在豪歌湾停泊的地方，如今已成为人们参观凭吊的热门景点——法国人岩石。沿希望山上 512 级台阶重走一回探险家马修·弗林德斯船长的勘测之路，是我们向这些伟大先行者致敬的最好方式。

懒地晒着太阳睡着觉，袋鼠在树林里欢乐地跳跃着，时不时停下来好奇地打量着路人，海狮则三三两两在岸边慵懒地休憩，享受着海风和阳光。事实上，海狮、海鹰、鸬鹚、海豹等各种野生动物也在美丽洁净的袋鼠岛海岸边安家，而茂盛的原始森林也没有丝毫人为破坏，成为袋鼠、小袋鼠、刷尾负鼠、针鼹鼠、巨蜥和稀有的鸭嘴兽的乐园，而可爱的动物们学会了与人类和平亲密地相处。在这里，人们可以和海狮、海豚同游，偶遇在黄昏时分喂养小袋鼠的袋鼠妈妈或者与腼腆的考拉不期而遇，因此袋鼠岛被形象地称为“没有围栏的动物园”。

[地下洞穴]

在凯利山保育公园探索神奇的地下洞穴，小心地穿行于灰岩坑与洞窟之间，里面还点缀着华丽的石笋、钟乳石与石藤，美不胜收。

美景与奢华并存的大堡礁之心

汉密尔顿岛

澳大利亚最不可错过的自然奇观是“三大”，即大堡礁、大洋路、大石头。被称为大堡礁之心的汉密尔顿岛，有一望无际的珊瑚，不期而遇的海洋生物，令人向往的珊瑚礁，迷人的植物和动物，精致的美食和葡萄酒，充满了色彩和活力的珊瑚海。梦幻般的美景真真实实出现在了现实世界中，就让我们从地球上这片最美丽的地方，开启一段奇妙的旅程吧。

所属国家：澳大利亚
语　　种：英语
推荐去处：白天堂沙滩、独树丘、大堡礁
…

大堡礁作为澳大利亚最为著名的景点，纵贯于澳洲的东北沿海，大堡礁全长为2011千米，是世界上迄今为止最长的珊瑚礁群，正是因为这点，大堡礁成为世界自然遗产、世界七大自然奇观。大堡礁最为独特也最为浪漫的景观就是心形堡礁，顾名思义是因为整个堡礁的形状呈心形，心形岛也是大堡礁旅游不得不游玩的景点之一。

汉密尔顿岛，位于昆士兰的圣灵群岛中心地带，大堡礁边缘处，是圣灵群岛74个岛屿之一，位置绝佳。在这里集澳大利亚所有美景于一体：良好的空气环境，湛蓝的海水，美丽的海滩，温暖的气候，迷人的珊瑚礁和各式各样的动植物，带给人前所未有的体验。

汉密尔顿岛是游客最喜欢的度假胜地之一，在这样一座风景如画的岛屿上，活动项目丰富多彩，游客们可以浮潜观赏珊瑚礁、海上独木舟泛游、乘直升机鸟瞰美景，或者躺在泳池边休息，抑或是躺在风景优美的海滩上消磨时光，感受传说中的富人生活，徜徉澳洲第一海岛。因此即使汉密尔顿岛在大堡礁边缘，却是看大堡礁的首选之地，也是探索大堡礁这片宏伟世界的绝佳基地，被称为大堡礁之心。

汉密尔顿岛是豪华奢享之地，游客可以安然于如细沙般流淌的悠然时光里，或搭乘游轮前往大堡礁、白色天堂海滩，或是起航环游圣灵群岛，抑或是在澳洲顶级球场畅打一场高尔夫球，甚至可以沉浸在SPA水疗或泳池以放松身心，如果体力足够好，还可以选择探索绵延逾二十千米的健行步道，体验新颖刺激的水上运动，还

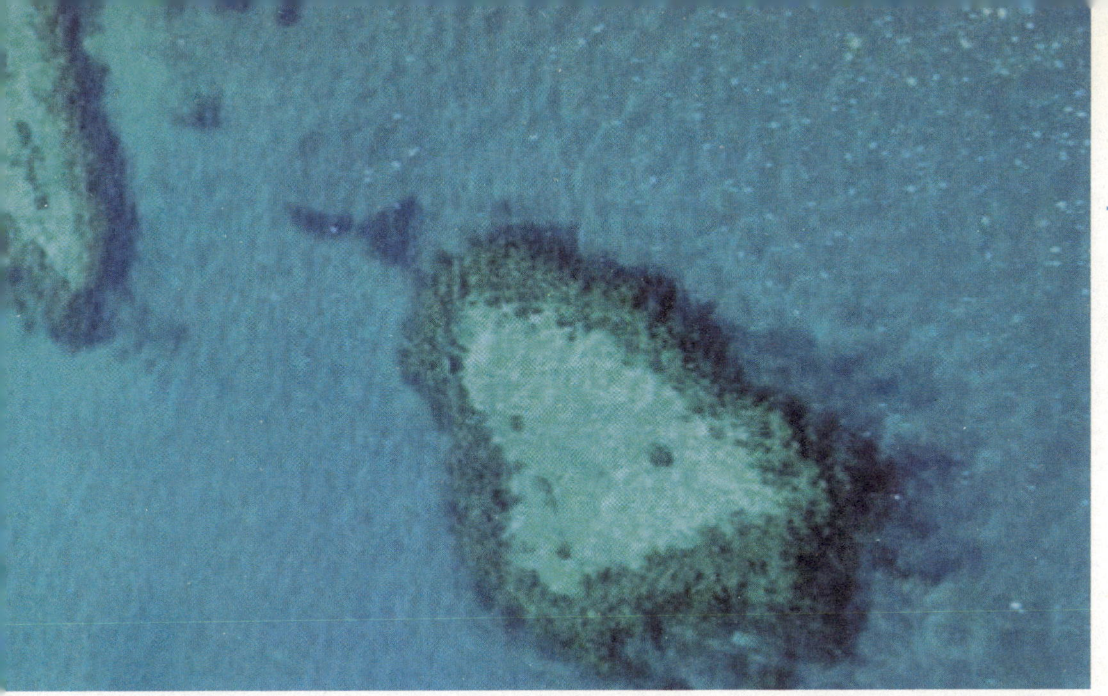

[空中俯瞰汉密尔顿岛心形礁]

有多功能的游艇俱乐部和一个个精品酒店及度假村……美好不胜枚举。

当然，除了奢华的享受，汉密尔顿岛的风光也是美丽绝伦的。成群的海鸥为岛上增添了无限生机，岛上椰树、棕榈挺拔遒劲，藤葛密织，郁郁葱葱，一派绚丽的热带风光。爱潜水的人可以去海底观看大片鲜艳的海洋生物：壮观的珊瑚，数百种鱼类、龟、海豚和鲸鱼等，最多样的生命在通透蔚蓝的水下无忧无虑地摇曳生姿。纯净的海水和海生物，再加上洁白如玉的海滩，汉密尔顿岛可以说是上天赐予人类最闪耀的一颗钻石。

请注意不要选择在隐蔽的海滩游泳，以避免被伊鲁坎水母蜇到。如果被水母蜇到，请立即就医。

汉密尔顿岛是阳光下的透明之岛，透蓝清澈的海，反射着大自然之光，浪漫奢华、平凡低调，这里有纯净自然的牧场、琳琅满目的海鲜、色彩斑斓的海底世界，在这里享受着海风，散散步，喂喂鱼，是许多人梦寐以求的理想生活。

[汉密尔顿岛超市]

这是汉密尔顿岛上的唯一一家超市，有 20 多年的历史。提供多种旅游或度假的生活必需品，有厨房用品、各类食品、新鲜蔬菜、早餐半成品等，为岛上的游客和工作人员提供了方便。

南太平洋上的蜜月天堂

大溪地岛

碧蓝如洗的天空、清澈见底的海水、美丽洁白的栀子花、柔软细腻的白沙、唯美浪漫的水上屋以及独有的心形岛屿，使得大溪地岛屿成为了无数情侣梦寐以求的蜜月天堂。在大溪地岛上，安居乐业的人们常常望着大海凝思，静待日落日升，阳光与南太平洋上吹来的风一同到来，海水的颜色由幽深到清亮，人们管这里叫“最接近天堂的地方”。

所属国家：法国
语　　种：法语
推荐去处：帕皮提、茉莉亚岛、波拉波拉岛

最接近天堂的地方

大溪地，又被称为塔希提岛，是法属波利尼西亚五大群岛中最大的岛，位于南半球的南太平洋上。这是一片美丽、原始的土地，这里四季温暖如春、物产丰富，凭借其秀美的热带风光、环绕四周的七彩海水，被称为“最接近天堂的地方”。这里阳光明媚，气候宜人，有帕皮提的热闹和杂乱，也有茉莉雅的安静与质朴，被誉为“太平洋上的明珠”和“世界乐园”。

大溪地岛上山清水秀，绿草如茵，到处是成林的棕榈树、芒果树、椰子树、鳄梨树、面包树等，热带水果四季不断。纯朴的土著人在这里过着与世隔绝的宁静生活，男人、女人、孩子、树木、花草，一切都那么天然、和谐、纯美。在大溪地岛，你可以饱食一顿海鲜大餐、潜水海底与鱼儿一起嬉戏，也可以什么都不做和友人抑或是独自一人在沙滩上发呆消磨时间。美妙的假期即将从这里开始。各种不同肤色、不同语言的人们，懒懒地把自己摊晒在异乡的阳光之下，时而也游泳、泛舟和休息，或是乘坐玻璃底的游艇，观赏海底的珊瑚礁和珍奇

[大溪地地图]

[水上屋]

鱼群，游人们仿佛置身于热带人间仙境，体验着心灵大放假的舒畅。

大溪地浑然天成的自然美景，吸引了无数游客的到访。这里有许多香气浓郁的热带花卉，整个岛屿空气中弥漫着香气；这里绿林密布，山岭雄伟，有瀑布、溪涧和湖泊，是步行远足的好去处；这里的火山灰造就了肥沃的土地，热带水果如面包果、木瓜、菠萝、香蕉、芒果等让人垂涎欲滴；这里沿岸沙滩碎石漆黑，适宜冲浪和扬帆出海，深海钓鱼也深受欢迎；这里风高浪急的地方有喷水洞，浪涛拍岸时海水由石隙的洞穴涌出，蔚为奇观；还有筑在海里的高脚房，夜晚听着大海的涛声进入梦乡，让人感觉和大海是如此的亲近……

去大溪地度假，一年四季都是好时候！11 月至来年 3 月是雨季，空气湿润；从 4 月至 10 月是旱季，气候清爽。全年平均气温在 27℃。雨季的特点是温暖和潮湿。自然，潟湖岛（内岛）的温度也较高，喜欢巨浪的冲浪者肯定会喜欢，在这里，你最能体会到“真正的春天”，旱季的特点是凉爽和干燥。这时水下的能见度是最适合潜水的，而从南极洲迁徙来的驼背鲸恰在此时汇集到这里。

[房间的玻璃地板]

很多人都知道马尔代夫以及其他海岛都有水上屋，但大溪地的水上屋非常独特。岛上许多酒店地板是镂空玻璃的，当住客进入房间打开灯时，小鱼儿就都游了过来，此时可以一边睡觉抬头看星星，一边低下头看鱼儿，这个感觉怕是在其他地方很难再现的。

波利尼西亚温暖的海水中，孕育着美丽的黑蝶贝，这种珠母贝珍珠质独一无二，尤其是黑珍珠，黑灰色中透出浅紫、粉红、粉蓝等色彩，而最独特的颜色则是灿烂夺目的孔雀绿色；这些色彩完全是大自然的结晶，因此它比一般的珍珠更珍贵。

[大溪地酒店标识识读]

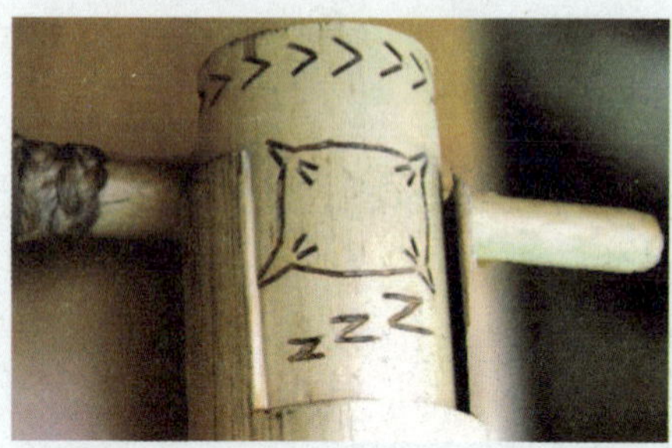

[请勿打扰标识]

[请帮忙打扫标识]

[帕皮提去珍珠博物馆的路牌]

这个博物馆，展示和追溯了珍珠源流的世界历史、珍珠养殖业的历史、大溪地的历史与珍珠史、珍珠与宗教的渊源等。有趣的是，这个博物馆里有一座中国清代慈禧太后的雕像，当然她的身上挂满了珍珠。

无忧无虑的伊甸园

处于新西兰东北方、夏威夷之南的大溪地岛，从高空俯瞰，宛如安徒生童话里的美人鱼。鱼头鱼身被称为“大大溪地”，鱼尾叫“小大溪地”。抵达大溪地岛，一下飞机，呈现在你眼前的会是一片湛蓝，据说，那些散落在珊瑚礁上的小岛就是当年鲁滨逊生活的地方。这里大多数的礁湖都是巨大的天然水族馆，鱼类美丽且种类繁多，诱惑着众多来自世界各地的潜水爱好者。

在大溪地，你可以体验到无忧无虑的生活，也可以体验到别的海岛没有的绝妙行程，搭乘独木船探访世界上最美丽的蓝色潟湖、体验鲨鱼喂食。蓝得会发光的海面、特殊的水上屋、古铜色肌肤的大溪地美女，连呼吸都有奢华感觉，伊甸园般的大溪地海岛生活，是时尚人士、明星以及普通人流连忘返的地方，称大溪地岛为世界上最美丽的岛屿也不为过。

在大溪地岛，除了美轮美奂的自然风光之外，它的历史文化也是值得探索的。大溪地的历史遗迹中最为壮观的是土著酋长的陵墓，陵墓位于金星角，毗邻是欧洲列国探险家登陆的纪念碑。大溪地的博物馆也是种类繁多，各有特色。博物馆里展示着波利尼西亚的文化背景和传统习俗。

波光粼粼的绿色潟湖，壮观起伏的地形，白色绵延的海滩，湛蓝通透的海水，布满鲜花的小路，四季如夏的气候，神秘的水上屋，梦幻般的环境，特别是纯净透明的海底和那无数可爱的大鱼、小鱼……使大溪地这座神奇的岛屿，成为了无与伦比的度假天堂，也是当之无愧的蜜月圣地！

女神的度假村

新西兰北岛

新西兰北岛的美，是一种原始、真实、干净、纯粹的美。活火山、岛屿保护区以及各大历史名胜，是广大游客造访新西兰北岛的三大主题。这里，是女神的度假村，醉人的美景近在咫尺，热情的人们环绕左右，每天醒来，都有新的美好等着你。

新西兰北岛，被誉为踏入新西兰的门户之地，90%的人来新西兰北岛的理由是这令人窒息的自然风景。事实上，由壮丽的海岸、广阔的农田以及地热奇观交织而成的绝美自然风光着实令人惊叹。这里风景秀丽、气候温和，被世人誉为“世界上最后一片净土”。

岛上更让人兴奋的还有如诗如梦的海滩。每片海滩都是冲浪、钓鱼、拾贝和沙滩日光浴的好地方，绵长宽广的沙滩极具视觉冲击力，带给人远离喧嚣的奇妙感。游客可以悠闲地漫步在黄昏中，感受脚下绵软的白沙和黑沙，欣赏日落时粉橙色的晚霞遍染天空；也可以在中途景色优美处铺开野餐布，来一场海天相伴的美妙盛宴；还可以参加垂钓、海豚之旅、陆上帆船和潜水旅行等，尽情享受如诗如画的自然美景。

除了海滩，新西兰北岛也是一个满布天然花园的地方，这里四季景致迷人，置身其中，满目苍翠绿林，仰首即可见到蓝天白云。高耸入云的丛林、辽阔的沙滩和湖泊、绿意盎然的田园、深谷峻岭、美不胜收的景致，犹如一幅幅不加修饰的自然风景画，直教人目眩神往。夏日里，火红的圣诞花争相怒放，美不胜收。即使是城市也洋溢着一股独特风格，譬如别致的建筑和热闹的市集。森林中景色别致，高大茂密的树木把整片区域都遮

所属国家：新西兰
语　　种：英语
推荐去处：帕里基海滩、奥克兰、罗托鲁瓦
……

全球最重要的跨国公司都在奥克兰设有办事处，奥克兰事实上也是新西兰的“经济首都”。奥克兰是新西兰对外贸易、旅游的门户，是重要的公路、铁路和航空交通枢纽。奥克兰市是新西兰最大最繁忙的商业金融中心，新西兰的股票交易所及多家大银行的总部就设在这里。

在2015年的世界最佳居住城市评选中，奥克兰高居全球第三位，这也是连续三年奥克兰蝉联全球最适宜城市前三名。

盖起来，只有少许的阳光投射下来，让林子看上去非常神秘，树干上布满了青苔，走在路上还能听见潺潺水声。新西兰北岛于是以其天然森林、原始海滩以及悠闲氛围而成为新西兰最受欢迎和喜爱的度假胜地之一。

[伊甸山及山内测量台]

[测量师纪念碑]

[测量师生平概述]

伊甸山(Mount Eden)位于市中心以南约5千米处，是一座死火山的火山口。海拔196米，站在山顶可以将市区和附近的海面一览无遗。山顶设有瞭望台，视野开阔，是眺望市景的好地方。过去，被毛利人称为“帕”的堡垒也位于此，从瞭望台向下看，看见的是呈倒圆锥形的火山口。

新西兰的毛利人是世界著名的吃人族。当然现在已经有200多年不再吃人了，可是现代的毛利人仍然为他们的祖先的悍勇感到非常自豪。新西兰官方文献证明，毛利人是4000多年前从台湾迁出的原住民，毛利人参访台湾阿美族太巴塱部落祖祠，发现门窗开的位置、建筑梁柱等结构都和毛利人聚会所相同。

在新西兰北岛，也不乏许多卓越的植物园，在这个宁静的海岛上，游客可以一天内享受到游泳、滑雪、划水、钓鱼以及冲浪等属于完全不同季节的活动。这里拥有海港、岛屿、波利尼西亚文化和世界一流的餐饮、夜生活、购物，是游客展开新西兰之旅的最佳起点。如果选择徒步，可以欣赏到山路两旁的翠绿景色格外迷人，大片大片的牧场一望无际，运气足够好的话还能看到鹿和兔子，望着一望无际的绿色，听着牛羊的叫声，纯净、天然，似乎一切言语瞬间都失去了意义。

去世界尽头撒个野

塔斯马尼亚岛

“风光旖旎，世界遗产，甘醇美食，动物野趣，民风淳朴。”用这20个字来概括塔斯马尼亚岛绝对是名副其实，作为澳大利亚唯一的一个岛州，塔斯马尼亚有“假日之州”“天然之州”“苹果之州”“澳大利亚版的新西兰”之称。这个充满浪漫温情的心形小岛与南极隔海相望，同时也被称为“世界的尽头”。

所属国家：澳大利亚

语　　种：英语

推荐去处：霍巴特

惠灵顿山

酒杯湾

…

前往世界的尽头上天入海

塔斯马尼亚岛位于澳大利亚的南面，被评为全球第四大最佳岛屿，仅次于加拉帕戈斯群岛、巴厘岛、马尔代夫，以其秀丽独特的自然风光与个性朴素的人文为特色，资源丰富多样，拥有被称为“地球上最纯净的空气”。这里的美食同样令人垂涎欲滴，这里的风光总能让人放下都市的羁绊，跟着心自由自在去流浪。

塔斯马尼亚岛作为澳大利亚的第一大岛，在高空俯视，呈心形，这对许多情侣来说也增添了几分浪漫的意境。美丽的酒杯湾、璀璨的火焰湾和岩石裸露的摇篮山，质朴豁达的民风配上不同于其他州的秀丽风光，绝对是个感受慢生活的理想之地。在这里，游客可以丛林徒步，骑自行车旅行，划独木舟和皮划艇，能看到平静的鸽子湖面和湖水倒映的群山，风景犹如人间仙境。

[摇篮山国家公园]

塔斯马尼亚岛的山川河流、湖泊瀑布众多，历史遗迹、濒危动物、美酒美食、薰衣草农场、高尔夫、空中探险，徒步旅游……应有尽有。这是一个宁静优美的岛屿，你可以携同游的友人登上威灵顿山，再从山顶骑自行车而下。或者体验一下著名的摇篮山鸽湖徒步径，穿过树林欣赏鸽湖的清澈湖面，倘若时间充足，慢慢往山上走也是一种不错的体验，一路可以体会春夏秋冬的不同景色：春季乡间小路布满了盛开的黄水仙和苹果花，夏季温和舒适，秋季平和清爽，阳光普照，冬季明朗清新，山顶冰雪皑皑。一日四季，晚上可以住在山上，享受与世隔绝的宁静夜晚。

在塔斯马尼亚岛这片出尘净土上，美丽无比的海滨城市、毫无修饰的大自然风光、古老的雨林、起伏的群山、壮丽的海岸……让久居城市的人们为之震撼、着迷。

[塔斯曼半岛的怪石]

崖岩在海水的不懈冲击和地球引力的作用下，演变形成各种奇特的崖洞，令游客的想象力得到充分的施展，也有一个人工平台伫立陡峭的崖壁顶端，这是一个废弃了三十年的科学考察观察台。

前往世界的尽头吃吃喝喝

美丽而风光旖旎的塔斯马尼亚岛，被蓝得发亮的海水包围环绕着。岛上有独一无二的白沙滩，多湖泊、峡谷、溪流，野生动植物种类繁多。原始未经人工雕琢的自然风光，没有一丝一毫的污染，还有诱人的海鲜大餐，是吃货们的沉沦之地，是一处令人流连忘返的旅游胜地。

[袋獾]

袋獾是袋獾属中唯一未灭绝的成员，身形与一只小狗差不多，但肌肉发达，十分壮硕。

在被《旅游与休闲》杂志评选为全球最好的岛屿之一的塔斯马尼亚岛上，大自然主宰着一切。岛上有很多全球珍稀的动植物，拥有被称为“塔斯马尼亚魔鬼”的袋獾，它体型矮胖粗壮，头大尾短；也栖息着一群存在于传说中的“神兽”——鸭嘴兽，它们长着肥肥的毛茸茸的身体，扁平的鸭嘴和尾巴，善游泳，大部分时间泡在水里……

毫无疑问，塔斯马尼亚岛有俘获自己粉丝的魅力所在。比如，“世界十大最美沙滩”之一的酒杯湾犹如倒扣的美酒杯耸立在孤独的海岸，岸边银白色的沙滩正如酒杯的边缘一样完美；悠闲惬意的游人可以在澳洲最古老的桥上漫步，放慢脚步，在具有艺术风格的大街小巷里闲逛溜达，购买各种艺术家手工制作的工艺品；还可以乘船出海，即捞即食美味的海鲜，海中美味多生长在毫无污染、洁净清澈的海域里，吃货们可以毫无顾忌放心大胆地大快朵颐，倘若再配上塔斯马尼亚岛享誉国际的葡萄酒，远方是海天一线，口腹甘鲜有余香，这就是生活原本的滋味了。

[亚瑟港遗址]

亚瑟港，是澳大利亚壮阔的殖民历史画卷中的一部分。一百多年前，亚瑟港作为澳大利亚殖民地囚犯的流放地，曾囚禁过一万多名囚犯。一百多年后，半岛绮丽的海岸线、葱郁的灌木林，掩映着承载了厚重历史的古老遗迹。

在塔斯马尼亚岛这块富有文艺气息，同时又充满可口美食的生态圣地，葡萄美酒、琼浆玉露，是品葡萄酒的天堂；海鲜水产，鲜美多汁，无与伦比。在无尽的海洋中，欣赏着四季分明的美景，品尝着原汁原味的海鲜，美味佳肴信手拈来，一道道精致的美食把惬意的人生展现得淋漓尽致。

亚瑟港遗址参团价格不菲，学生证可以打折。景点内会有工作人员解说，凑上去听就行。20 世纪 90 年代这里发生过屠杀惨案，但不要因好奇提起。因为工作人员很多都是受害者家属。

事件链接：1996 年，亚瑟港发生了澳洲历史上最惨痛的“亚瑟港大屠杀”，35 名游客被手持 AR15 自动步枪的枪手马丁 · 布莱恩特杀害，37 名重伤。此后，澳洲颁布了一系列禁枪法令。

[摇篮山国家公园]

摇篮山国家公园有着近 200 年历史，整个山头布满了悬铃木等植物。山上设有多条线路，伴着湖光山色，是徒步者们的天堂。山上天气转变非常快，经常会出现一日四季的奇景，时而天晴，时而下雨，甚至会下雪，令人啧啧称奇。管理方根据山体情况提出三条常用路线，供游客选择。

去拥抱世界的第一缕阳光

斐济群岛

如果喜欢阳光，那一定不能错过斐济岛，这个可以拥抱洒向世界的第一缕阳光的地方。毫无疑问，这是一个幸福的地方，工作认真、生活悠闲的斐济人笑容比阳光更灿烂，他们纯粹而真挚地享受和热爱这片土地。身在斐济，会让人忘却时间，不由自主感叹："天堂不过如此美好，幸福也能这样简单。"

所属国家：斐济共和国
语　　种：英语、斐济语、印地语
推荐去处：南迪、玛娜岛、丹娜努岛
…

斐济群岛，遥远而陌生，是全球十大蜜月胜地之一。它位于南太平洋，靠近赤道和国际换日线，它规模宏大，由300多个大大小小的椰林摇曳的碧绿岛屿组成，大部分的岛屿是珊瑚礁环绕的火山岛，是个令人垂涎欲滴的度假岛国。

斐济群岛，同时也被誉为南太平洋中的一颗璀璨明珠。它的每座岛屿都风情万种，各有千秋。置身斐济群岛，浪漫的沙滩，梦幻的海洋，茂密的椰林，五颜六色的热带鱼，层峦叠嶂的珊瑚礁，淳朴的波利尼西亚民风，都会让人对它不吝赞美之词，它不光是一个浪漫的岛国，更是一处净化心灵的目的地。蓝天、碧海，吸引着众多的游客"自我流放"到斐济，他们在沙滩上尽情与自然

[斐济岛风景]

亲吻，用海水洗净铅华，欣赏落日余晖，忘却生活压迫，聆听来自心灵最深处的声音，寻求内心真正的平静！

受够了雾霾，用斐济的碧水洗洗肺

到过斐济的人都说，到了那里会凭空生出徒手抓鱼的本事，别以为那是他在骗你。其实，事实正如此：在斐济通透的海里，把手伸进海水，五颜六色的鱼便会游弋在你的手指之间，盈盈一握，不费吹灰之力便可握住那一尾欢畅游玩的鱼儿。鱼儿们以为，你的手指也是它的同类。如果选择在此探海，由于海床非常浅，不需要厚重的潜水装备，珊瑚和鱼儿就在你的脚下游动，只需戴上潜水镜和呼吸管，便可轻易在几近透明的海水中与鱼儿一同畅游。那美妙，那梦幻，简直无法用语言表达！

这个世界名流们最爱的蜜月之地，同时也是《爸爸去哪儿》和《荒岛余生》的拍摄地。在这里，可以尽情从事潜水、越野探险、竹筏泛舟、乘帆远洋、游艇游弋等一系列的水上与生态活动，也可以体验特殊的南太平洋原住民文化。比如，可以去布玛公园，那是好莱坞大片《重返蓝色珊瑚礁》的取景地，那里的原始雨林瀑布景观惹人心醉。可以去原始部落，参加著名的“走火”仪式，感受最真实古朴的斐济风情。也可以去贝卡环礁，

《鲁滨逊漂流记》告诉我们荒岛求生后，总会回归祖国，但是从 1643 年欧洲人首次登陆斐济，至 1874 年斐济成为英国的殖民地，这其中，“鲁滨逊们”作出了巨大的牺牲，例如，在 1877 年，英国传教士托马斯·贝克便在斐济的一个孤岛上，被当地的居民吃掉了。

“BULA!”，打从进入斐济那刻起，只要是遇见斐济人，不管认不认识，他们都会带着微笑向你招呼着，除了有“你好”的含义之外，还有祝你健康、长寿之意。

[《爸爸去哪儿》斐济剧照]

《爸爸去哪儿》是湖南卫视从韩国 MBC 电视台引进的亲子户外真人秀节目。甄选年龄在 4 ~ 6 岁之间、外形可爱、个性迥异的孩子，寻找都市的快节奏生活使父母和孩子间很难有机会获得的天伦之乐。

[荒岛余生]

在 2000 年公演的由汤姆·汉克斯主演的电影《荒岛余生》的外景地就是在斐济。据说主创人员从 1998 年起就开始寻找一处合适的荒岛，最终在斐济找到了它。而这个名不见经传的马努瑞吉岛也由于这部电影而声名四起。

[南迪印度庙]

萨布拉马尼亚湿婆神庙是南半球规模最大的印度教寺庙，由印度教神像、加尼什寺和湿婆神庙组成。寺内的神像精雕细琢，栩栩如生，特别有异域风情。

那里有经年温暖的海水、五彩缤纷的热带鱼和巨大的珊瑚景观，是举世闻名的潜点。甚至还可以在悬崖餐厅里看瀑布从垂直的悬崖上倾泻而下，享受一次独特的午餐体验！

忘了时间，去斐济吧

“Bula!”是斐济土著语“你好”的意思，只要踏上这片土地，这句话便会一直回响在你耳边，伴随着这句话的，还有当地人露出的两排白白的牙齿笑容可掬。斐济的人们是平和而安逸的，迎面走来，他们会朝你喊“Bula!”，然后展开犹如岛国上的太阳般的笑容，温暖得可以把人融化。在这个美丽的国度，你永远也无法感受到都市的压力和奔波。更让人意想不到的是，原本被工作和生活压得喘不过气来的你，身处斐济，会自然而然忘却所有来自生活和工作的压力，去慢慢体味斐济的轻松与美好。

[玛娜岛酒店]

玛娜岛是斐济的一个外岛，岛的一面被开发成度假区，独栋木屋外形雅致而且内在设施齐备，所有的非机动设备，比如浮潜设备、皮划艇等都是免费使用的。而岛的另一面是当地土著的村落，他们仍然过着出海捕鱼、种植庄稼的质朴生活。玛娜岛位于玛玛努卡群岛中间，是一个具有民族特色和原始风情的小岛，也是南太平洋的绝佳潜水圣地。

[玛娜岛手绘地图]

因此，去斐济旅游，无须找旅行团，无须在他们的带领下匆匆在每个景点留下“到此一游”的印记，匆匆赶赴第二天的行程。去斐济，只需带上时间，选择一个或者几个喜欢的小岛，静静躺在海滩上拥抱来自这世界的第一缕阳光，或者在海边的躺椅上聆听海浪温柔拍打的声音，在梦里徜徉。傍晚时分，坐在海边的餐厅里吃着最美味的特色美食，享受晚霞渲染的梦幻。当夕阳散去，在漫漫星空下与原住民一起，围在篝火旁，时而欢声笑语，时而载歌载舞。我想这才是斐济能给予的最美享受！

上帝的水族馆

帕劳群岛

清新的空气，完美的海洋生态，抬头可见的七色彩虹，奇异纯净的蓝绿色海水，在浩瀚无际的太平洋上，有一颗璀璨的明珠——帕劳群岛，它以海底景观闻名于世，是世界十大潜水圣地之一。去到帕劳群岛，你会不由自主惊叹：喧嚣浮躁世界里竟有如此人间天堂！

所属国家：帕劳共和国
语　　种：英语、帕劳语
推荐去处：贝里琉岛
水母湖
蝙蝠洞
…

帕劳群岛位于南太平洋上，由大大小小340个火山岛和珊瑚岛组成，被世界海洋学家公认为世界七大海底奇观之首。无毒黄金水母湖、海底大断层、软硬珊瑚礁、牛奶湖、蓝洞等纯美、原生态、浩瀚的海底世界被人们津津乐道，成为旅人心中梦寐以求的世界顶级潜水胜地。

帕劳群岛的海底世界绝对能让人大开眼界，这里有全世界最壮观的海底生物，丰富的海底景观与无污染的天然环境，多到让人数不清的珊瑚及五彩缤纷的热带鱼。这里拥有独一无二的无毒水母湖，去过的人无不惊艳，水母全部都是橙色的，数量巨大，身体都是软软的，晶莹剔透；这里的软珊瑚颜色各异，像一条色彩缤纷的彩带，随着海波摇曳生姿……在帕劳群岛的海底，将观赏到陆地上看不到的壮观！

[帕劳群岛位置]

如果向往真正纯净、原生态的海水和无污染的空气，那么帕劳群岛便是你寻找的世外桃源。岛屿上有绚丽的阳光，清澈的水质漂浮在海面上，每一处都能欣赏多彩壮丽的景观，不经意间就泄露了最佳的

[帕劳情人桥]

珊瑚岩石经过长年累月的海水和海风侵蚀，形成了无数天然洞窟、天然拱桥和天然洞穴，乘船进入这些天然景观之中是帕劳观光的引人入胜之处。

度假天堂的浪漫体验及多彩多姿的旅游体验。

从世界各地漂洋过海来帕劳群岛的游客，可以在这里领略旖旎的热带海洋风光：摇曳的棕榈树、温和的海风、银白的沙滩。游客仿佛置身于一个崖壁与深海的绝佳天景中。倘若想更加融入这个天堂，可以驾着一扁轻舟，优游地徜徉于山水美景之中，每一次的摇桨恰似划破玻璃般，就是这么清澈见底。在这里，还可以见到活泼可爱的海豚时而跃出，时而鸣叫，或在人身旁悠游，热情地向人打声招呼；当夕阳西下，映着满天红霞的海面如此璀璨，微风轻拂中，享受蔚蓝大海环抱之乐，还有出入口旁的海面三五成群的狮子鱼用它那美丽又巨大的胸鳍向人挥手道别……

在美丽的帕劳，人们会体会到什么是真正的大海，什么是阳光，什么是土地，什么是海钓。在这里，可以忘记自己，忘记外面的世界，上帝创造帕劳似乎就是为了显示自己能够创造出一个璀璨的天上人间。

[无毒水母湖]

在数万年前，水母湖曾是海的一部分，由于地壳运动形成了一个普通的内陆咸水湖。湖中只剩下了水母。由于天敌们的消失，这些水母“遗失”了祖先用以防卫自身的武器——毒素。这样，帕劳水母湖拥有了世界上独一无二的无毒水母。

[干贝城]

神奇的海洋生物贝类——砗磲，是帕劳的特产之一，也是目前为止世界上体型最大的海洋贝类，长可达2米，外壳是佛教的圣物之一。砗磲其实是长得很慢的，帕劳巨大的砗磲都有100多岁了。

上帝遗落人间的精灵

所罗门群岛

太平洋风情、潜水天堂、原始森林、二战回忆……这里是上帝遗落人间的精灵——所罗门群岛，这个美丽的岛屿曾在很多榜单上出现，比如“最后的胜地”、“快消失的旅游天堂”等，而它的风光，也绝不会让人失望。

所罗门群岛位于澳大利亚东北方，是南太平洋的一个岛国。所罗门群岛的美难以用笔墨来形容，环绕它的礁湖，湖水是深浅渐变的蓝绿色彩，配衬岛上茂密的热带雨林、灌木丛林及红树林，形成鲜明对比，风景如画。

所罗门群岛拥有美得令人窒息的珊瑚礁、数量巨大的各种鱼类，这里有沉船、洞穴、广角珊瑚礁、大型海扇、软珊瑚，大量的微距主题。事实上，所罗门群岛的多样性是数一数二的，足以媲美任何岛屿的珊瑚礁、海洋生物和多样性。所罗门群岛可以为你充分展示潜水活动的多种多样，展示海底世界的极致美丽：沙质海底耸起茂密的珊瑚丛林和色彩艳丽的海扇，橙黄和橘红；当然除了生物，这里还有很多二战期间的沉船、飞机的残骸。

所罗门群岛地势较平坦，海水清澈透明，被视为世界上最好的潜水区之一，让无数的游客流连忘返。

所属国家：所罗门群岛
语　　种：英语
推荐去处：霍尼亚拉
瓜达尔卡纳尔岛
蒙达
…

值得提醒的是，所罗门群岛治安较差，到处有抢劫的情形，前几年这里闹暴动，暴徒针对当地华人，抢劫华人商店和居所，所以若是去此处旅游，天黑后最好不要随便走出酒店。

[所罗门群岛国家博物馆]

所罗门群岛国家博物馆是所罗门群岛唯一的一个博物馆。它不但是一个博物馆，同时也是所罗门群岛的文化中心和政府文化部门，并且陈列有许多二战时遗留的遗迹。

所罗门群岛国家博物馆的收藏品超过 2000 件，包括：艺术品、遗迹、摄影作品、考古出土物件、自然史、动物标本、科技品、影音资料、海报、户外雕塑等。

神仙小企鹅的家园

菲利普岛

从清晨到日暮，海洋上传来小企鹅的吟唱，旅人的心灵被美好震撼着，被自然感动着。这里是澳大利亚的菲利普岛，是以神仙小企鹅闻名于世的度假胜地，当地人亦称之为“企鹅岛”。

所属国家：澳大利亚
语　　种：英语
推荐去处：丘吉尔岛传统农庄、卡拉保育中心、菲利普赛车赛道
…

菲利普岛位于墨尔本的东南部，秀丽的自然风光、多变的气候、高速刺激的赛道一直是其吸引游客的魅力所在，不过更著名的，是在岛西南面的萨摩兰海滩，栖息着许多世界上最小的神仙小企鹅，而每到黄昏时分的企鹅归巢，是澳洲最受青睐的野生动物奇景，众多的游客不远千里只为来一览小企鹅的身姿。

菲利普岛除了企鹅归巢，还可以参加海豹生态游艇之旅，零距离亲近调皮可爱的海豹君；可以去农庄和动物们一起悠闲散步；或者来到美丽的沙滩，和可爱的动物们一起在岩石上沐浴阳光，给幼崽动物喂食，甚至和同行的旅人摔跤或是扑通一声跳进蔚蓝通透的海里。当然，如果从高空俯瞰举世闻名的神仙小企鹅的家园，又是另外一番天堂之景，美丽的海岸线蜿蜒着，洁白的海滩与翻滚的浪花呢喃着，澎湃作响的海洋有着不可思议的美。

菲利普岛巧克力工厂，是菲利普岛上最具甜美诱惑的地方，它不仅仅是一家巧克力商铺，更是一个集快乐、趣味、美食为一体的巧克力乐园。这是个完美的“巧克力朝圣地”，你可以在咖啡馆享受美食，在工厂直营店里购买巧克力，或者参观 Pannys 巧克力奇妙世界 。咖啡馆和巧克力工厂直营店免费开放，并且第一次品尝也是免费的，而 Pannys 巧克力奇妙世界则需要门票才能进入。

[企鹅归巢]

在黄昏时分看世界上最小的企鹅（神仙企鹅）摇摇摆摆地归巢。神仙企鹅是世界上体积最小的企鹅，身高仅 37 厘米，体重约 1 千克。

世界级的奢华美景

新西兰南岛

到访过新西兰南岛的人都说，新西兰南岛是个美到极致的地方，那里有纯天然的自然风光和冒险者的天堂，那里可以看遍世界上所有类型的美景，星光、湖泊、大海、冰川、动物，以及各种极限运动，应有尽有，美不胜收。

新西兰南岛位于澳大利亚东南方，属于大洋洲，地广人稀，是一个美丽绝伦而自由烂漫的地方，这里有世界级的奢华美景：有世界上最纯净最唯美的天空，是世界上第一个星空保护区；这里有最纯净的湖水和最享受的温泉。也正是因为它的种种美妙绝伦，新西兰南岛成为了《魔戒》、《纳尼亚传奇》以及《霍比特人》这些大片的取景地。

所属国家：新西兰
语　　种：英语
推荐去处：皇后镇、库克山国家公园、达尼丁…

新西兰南岛的自然风光无与伦比，是一个享受宁静之美的旅游胜地，游人可以感受到湖泊与冰河的安静祥和，又可以体会到雪山与海湾景色的壮观震撼。它拥有最纯净的自然景观：从野生动物到葡萄酒庄，大自然给予人类最好的馈赠在犹如调色板般丰富多彩的壮丽景色中挥洒自如。

新西兰南岛和新西兰北岛虽只一水之隔，但两地气候迥异；南岛的四季很明显，人口更加稀少。在南岛，你可以看到海边的雪山、宁谧的峡湾、剔透的冰河、辽阔的平原。

毫无疑问，新西兰南岛是绝妙的游泳胜地，丛林、海湾和沙滩完美结合在一起，在海岸附近可以看到憨态可掬的海狗，如果足够幸运的话，还有可能会看到海豚，甚至逆戟鲸。巍巍耸立的雪山，碧蓝无际的海洋，清澈灵动的湖泊，鲜花盛开的草地，这些纯净到透明的风景，糅合着中土世界的寂寥和神秘，没有尘世的纷扰喧嚣，无须探究历史的厚重曲折，如梦境一般美好。游人们在潋滟的水波、如洗的蓝天、沁人的清风中，与自然邂逅，

I-site（Information Center）：新西兰是一个对旅游业非常重视的国家——I-site（旅游信息中心），这是一个在新西兰旅游时你会经常光顾的地方，遍布全国，只需要提前一点到这里翻阅琳琅满目的宣传册，吃喝玩乐一应俱全；又因为I-site是中立的第三方，折扣、对比都是明码标价，总之信息全面、手续便捷、退款投诉都很方便。旅行途中可以在这里提前将下一站需要的酒店、船票、游艇等娱乐设施预定好。

身心感官亦如孩童般单纯快乐。

秋季，是新西兰南岛最美丽的时节，把鲜红与金黄的叶子染成缤纷多彩的面貌，甚至说她美过天堂也不为过。皇后镇的枫叶红胜火，箭镇的秋色淡妆浓抹……美如仙境般的秋色烂漫在新西兰南岛各个角落。在这里，高耸的南阿尔卑斯山邻接宁静的峡湾，崎岖的海岸线与广袤的平原相接。

南岛的小镇被山脉环抱，是一座座依山傍水的美丽小城。路边有高耸参天的白杨树，树两旁的山脉可以清楚地看到由片岩组成，驱车行驶其间，有如置身世外桃源。而走在小镇充满异国风情的街道上，你会发现每个旅客随时都是活力充沛，准备出发的模样。

[霍比屯]

霍比屯坐落于怀卡托大区的玛塔玛塔小镇，因拍摄电影《魔戒》三部曲而闻名于世。1998年彼得·杰克逊导演和新线电影公司通过搜寻发现亚利桑德家的牧场农庄是适合电影《魔戒》三部曲的最佳外景地，对其进行改造后开始了电影的拍摄。

隐秘洁白的海滩，盛大的山景，壮丽的湖泊和乡村建筑物，为新西兰南岛这个天堂添加了无限的魅力。如果你心动的话，就准备好旅行箱，去享受一场令人回味的视觉盛宴吧！

[达尼丁皇家信天翁中心]

皇家信天翁有极大的体型，立高可达1.25米、翼展3.5米，平均翼展3米，身长115厘米，重8.5千克。它们可以滑翔数百千米而不扇一下翅膀。一只50岁的信天翁一生的飞行距离的最保守估计是600万千米。

库克山国家公园是观赏南阿尔卑斯山的绝佳景点。这里有29座山峰都高于海拔3000米，所以这里也成为新西兰登山爱好者最渴望来到的地方。这里有众多的路线让你来挑战南阿尔卑斯山。有1小时的红潭阶梯攀爬，还有平坦步行的基亚角漫步。

[库克山国家公园内雕塑]

世界上最原始最神秘的岛屿

新几内亚岛

这里有南太平洋最全的陆栖生态物种，是动植物的世界，更是珊瑚礁的天堂，海底景观可以说举世无双；这里有生长旺盛的珊瑚，有五颜六色的热带鱼，还有岛上动荡历史的遗迹，甚至在茂密的茫茫的原始丛林中，还有许许多多不为人知的部落。这里，就是神秘的巴布亚新几内亚岛。

新几内亚岛又名叫伊里安岛，是仅次于格陵兰岛的世界第二大岛。这里植被丰富，物种多样，岛上山峦起伏，峡谷幽深，被驯养得服服帖帖的鳄鱼是这个岛屿最新鲜的亮点。

所属国家：巴布亚新几内亚
语　　种：英语
推荐去处：莫尔兹比港
　　　　　马当
　　　　　…

新几内亚岛是世界上最为神秘的岛屿，岛上的人以一种原始和本能的方式生活着，但也拥有着灿烂而绮丽的民族文化，在这里，你甚至能看到不可思议的土著部落。热带树木在这片土地上旺盛地生长着，全年盛放的各色花朵让其更加缤纷美丽。除了迷人的自然风光，当地神秘的土著文化也是吸引众多游客的法宝。

新几内亚的旅程充满着新鲜与刺激，置身于一望无际的大海边，时刻与你亲密接触的是清新的海风，行走在这样神秘而原始的国度中，自然而然就投入了旅途的怀抱，尽享这世上难得的热带好风光！

[巴新机场欢迎壁画]

当地的阿斯马特人惧怕鬼魂，他们相信女人有呼风唤雨和驱逐鬼魂的特殊本领。所以每年有这样一个节日供女人报复那些懒惰的男人，随意地打或者用利器在其身上划出伤痕，不管男人被打得鼻青脸肿还是血迹斑斑，都不得反抗。直到妇女们打够了，打累了，才允许男人中推举出一人向女人们求情讨饶。

仙女居住的童话王国
库克群岛

宁静的潟湖，明媚的阳光，淳朴快乐的库克人，平静祥和的风光过滤掉了一切的不安与浮躁，远在南太平洋的库克群岛，就好似是散落在浩瀚海洋中的珍珠，颗颗璀璨动人。这里有令人陶醉的海洋风光，给人以纯朴、轻松、善良、远离尘嚣的感觉，仿若置身于仙女居住的童话王国，再也舍不得离去。

位　　置：波利尼西亚
语　　种：英语
推荐去处：拉罗汤加岛
　　　　　艾图塔基岛
　　　　　…

库克群岛位于南太平洋新西兰北方，拥有15座岛屿，犹如散落在南太平洋上的明珠。岛上拥有着与大溪地相媲美的同等品质海域，海水碧蓝间中泛绿有仙气，岛民热情好客又聪明；巨大的环礁湖泛着蓝色幽影，深蓝色的海水不停冲击着珊瑚礁，泛起洁白纯净的海浪。这里有碧海蓝天、阳光沙滩，还有让人血脉贲张的泳装女神们，世外桃源般的阳光海岸让人蠢蠢欲动，既没有喧闹，也没有人海，惊世骇俗都不足以形容它的容颜。

置身于库克群岛，独特旖旎的美丽景色，热带气候，热情洋溢的当地人以及空气中弥漫的浪漫与休闲气息，与浅蓝色的海水、银白色的沙滩一起勾勒出一幅绝美的画面，翠绿的椰林与鲜艳的花朵，让人深深迷醉，让人忘记自己身处于凡尘之中，静谧的空气中弥散着百花的香气，那样的沁人心脾，蔚蓝的天空中洁白的浮云让人忘却了尘世的纠纷，这里便是仙女居住的童话王国。

[库克群岛钱币]

库克群岛的整体经济以旅游业、种植业、渔业以及离岸金融业为主，黑珍珠养殖也颇为盛名。

“远离樊笼，逃向远方。”这是对库克群岛最好的诠释，岛上的海水更深邃宁静，环境更无饰原生，甚至还有那么一丝狂野不羁的味道。游客

[库克群岛国旗]

[库克群岛国徽]

库克群岛国旗启用于 1979 年 8 月 4 日。其旗角是一面英国国旗（代表与英国的关系）。余为蓝地（代表海洋和人民平和的性格）和由 15 颗星星构成的圆环（代表了 15 个岛屿）。

们可以躺在柔软的白色沙滩上，感受灵魂被轻轻托起，心头平静祥和之感；也可以回到小镇上，看着周围的人们或歌唱或舞蹈，脸上永远洋溢的微笑，一切简单、幸福又美好。澄澈莹蓝的海岛上，平均 24 度的气温使其永远如初夏般纯净明媚。

库克群岛的景色像明信片一样让人震撼，沿着海岸线修建的环岛公路全程限速 40 千米 / 小时，是非常理想的赏景速度：公路边上蓝得深邃的大海不会让人审美疲劳，前一个画面是激浪拍击礁石溅起巨浪的澎湃，一个拐弯以后，便自动跳转为平静如镜的海面，一片宁静。从车窗外放眼望去，蓝天白云下椰树身姿婆娑，完美得无懈可击。

在库克群岛的海边，听不到惊涛拍岸的声音，海水都是缓缓地“推到”沙滩上，轻柔地涨落。在岛上的日子，除了吃饭、睡觉就是游泳和躺在沙滩上晒太阳，静静等候日出日落或者在沙滩上看书，时间好像凝滞在那里，失去了意义。

去库克旅游消费比较亲民，唯一就是烟民惨点，库克和新西兰一样，烟草重税，再差的烟都得 20 纽币左右一包，如果有想要戒烟的，可以去库克群岛一试，否则就会抽烟花钱到肉疼的地步。

库克群岛命名起源于远征探索南太平洋，发现了许多岛屿的詹姆斯 · 库克船长。

拉罗汤加岛设有 Marine Reserve 区域，顾名思义，海洋保护区，不要动这里任何一样东西！什么都不要捡，什么都不要碰，甚至是举着海星自拍都不允许。

[飞鱼]

库克群岛国徽启用于 1978 年。国徽有一个盾形为其焦点。该盾形中包含了国旗上面可以发现的 15 星形。在盾形的两侧分别是飞鱼跟白鸥（一个代表基督教符号的十字架，另一个则是支持着代表库克群岛传统富裕的符号的拉罗汤加棍棒，盾形上方的头盔是红色羽毛的阿利伊（ali'i 或 ariki，酋长）帽，象征传统阶层系统的重要性。

该国徽是由 Papa Motu Kora 所设计，他是一位玛塔伊阿波，这在拉罗汤加的 Matavera 村中是一个传统的至高酋长头衔。

与世隔绝的“桃花岛”

萨摩亚群岛

这是个拥有雨林、高山、深水港和顶级白沙滩的热带天堂：纯净洁白的沙滩环绕着整个群岛，海水水晶般湛蓝，自然美景如诗如画，远离尘世喧嚣，可以让人真正享受到内心的宁静祥和。这里，就是与世隔绝的“桃花岛”——萨摩亚群岛。

位　　置：波利尼西亚
语　　种：萨摩亚语
　　　　　英语
推荐去处：萨瓦伊岛
　　　　　乌布卢岛
　　　　　拉洛马努海滩
　　　　　…

萨摩亚的村落是由几个称为“艾嘎”的家族集团所组成的。艾嘎的概念很复杂，一个艾嘎是包含兄弟和其妻子与亲属的大家族。艾嘎的家长是“马泰”，也就是首长。马泰有“阿利（首长）”和“兹拉法雷（代理首长）”两种。每个村都有由马泰所构成的村会，也就是村落自治组织的中心。

萨摩亚群岛位于太平洋南部，在新西兰与夏威夷之间，由萨瓦伊和乌波卢2个主岛及7个小岛组成，处于波利尼西亚群岛中心，有“波利尼西亚心脏”之称。萨摩亚岛上有壮观的高空水柱，奇幻的瀑布，美轮美奂的珊瑚礁，海滩上则拥有洁白如幻的沙，清澄而宁静的潟湖，蓝得通透的海水中则拥有各式各样的珊瑚和鱼类，是潜水和浮潜者眼中最美丽的地方，可与海龟一起畅游其中，郁郁葱葱的椰林和漫山遍野的奇花异草混合着热带的温湿滋润，一派海滨风光。

萨摩亚群岛是火山岛，各个岛上山峦起伏，各岛的沿海地区有狭窄的平原，那里是萨摩亚人肥沃的耕地。由于靠近赤道，岛上大部分地区被丛林所覆盖，周围环海，属热带海洋性气候，全年气候宜人、风光旖旎，盛产椰子、可可和海产品。美丽的风光、独特的风情及悠闲的生活使这里成为了南太平洋上的“人间天堂”。

萨摩亚岛风情独特，热带植物绚丽多彩，大海层次分明，岛民以开朗、善良闻名，而且能歌善舞，消费相对低廉。这里不乏原生态的美景和古老的历史遗迹，在原生态的热带雨林中，景色优美得就像是亚当和夏娃生活过的伊甸园。萨摩亚岛的海水清澈透明，海底的珊瑚海龟历历在目，云彩多姿多彩，令人陶醉。它同时也是一个歌舞之邦，在节庆之日，人们会穿着波利尼西亚民

[萨摩亚群岛水中小屋]

族的草裙，画脸谱，戴花环，群集一起，欢歌曼舞，热闹异常。萨摩亚男性身体强壮，因此被称为“世界上最强壮的民族”，这里风情万种的混血美女也让萨摩亚群岛更加迷人。美丽的风光和悠闲的生活交织在一起，让这里成为了著名的旅游胜地。

[萨摩亚的法雷]

萨摩亚群岛的民房无论简陋低矮或高大宽敞，无一例外地都有一个共同的特点：没有墙壁。萨摩亚人把这种完全没有门窗，只有几根柱子支撑起房顶的建筑称为“法雷”。这些房屋的墙壁只是简单地砌了几处承重的架构，而不是完全封闭的墙体。如此建房一是为了节省砖、石等材料，降低造价；二是因为当地气候温和，只需挡雨，无须遮风。

[面包树及果实]

有人开玩笑说，一个萨摩亚男人，只要花 1 个小时，种下 10 棵面包树，就算完成了对下一代的责任。12 棵面包树结的果实，足够一个人吃上一整年。萨摩亚人把这种树上结出的“面包”切成片，再烤一烤就成了他们盘中的美食。不仅如此，面包树还是各种物品的原材料。用面包树做的小船是萨摩亚人最主要的交通工具；用面包树建的房子，可以住上 50 年；萨摩亚人甚至还用树皮做绳子和各种生活用品。

风景如画的萨摩亚是个典型的热带风光岛屿，这里街道整洁，绿树成荫。值得一提的是，这里还拥有一种独特的资源——面包树，萨摩亚人把这种树上结出的“面包”切成片，再烤一烤便成了他们的盘中美食。他们还用面包树做小船，用面包树建房子，用树皮做绳子和各种生活用品……在这里，萨摩亚带给造访者一个难忘的假期。

Antarctica Articles
6
南极洲篇

南极圣地

库佛维尔岛

这里是人世间仅存的一片神秘而迷人的净土。这里的水，洁净得像洗过一样，清澈透亮；这里的风，寒冽彻骨；这里的一切，都只是自然的造化；这里罕有人烟，也只有最勇敢的人才敢来到这个如原始地域一般的小岛。

位　　置：瓦努阿图
语　　种：英语、法语
推荐去处：拉维拉港、海底邮局
…

库佛维尔岛位于南纬 64 度 40 分，西经 62 度 37 分，这座岛被冰雪所覆盖，像极了《冰雪奇缘》中的那个王国。但是，只要仔细观察，在海水冲刷的岸缘，这里还是可以看到礁石和露头的岩块。在南极旅游，绝不是一般的游山玩水，而是一场极度的冒险，毕竟这里荒无人烟，相对于热带岛屿，身处南极的库佛维尔岛上的原住民有些特殊——它们是一群憨态可掬的金图企鹅。

金图企鹅又称巴布亚企鹅，其个头矮小，性情温顺，前额有一道醒目的白毛，由于走路姿态十分“优雅”，因此，它也被叫做绅士企鹅。金图企鹅是企鹅家族中最快速的泳手之一，游泳时速最高可达 3600 米。

岛上的积雪很松软，每踩出一步，脚都会深深地陷入，直没膝盖。你可以停靠在湛蓝而又寂静的海边看着企鹅在水里嬉戏，雪雁无声掠过水面，或是闭眼凝神，听冰川消融的声音，这时，你就在风景里。

[南极贼鸥]

南极贼鸥，因为它们喜欢待在企鹅堆里，趁着笨拙的企鹅不注意，就偷可怜的企鹅蛋吃，而憨厚又老实的企鹅们拿贼鸥毫无办法，只有大叫，希望能用叫声把贼鸥赶走。

地球的尽头

南极半岛

这里曾经只是人类在科考中无意发现的一片地域，起初，人们并没有认识到它的美丽，它仅仅是一个证明能力的标尺，为了人类文明和进步，各国科研者在此驻扎，相互竞技。

位　　置：西南极洲
语　　种：无
推荐去处：南极半岛
…

南极半岛是人类最后到达的一块大陆，它位于地球的最南端，被人们称为第七大陆，这里的土著只有企鹅和鲸鱼。南极半岛 95% 以上的面积为厚度极高的冰雪所覆盖，被称为“白色大陆”。南极洲是个巨大的天然“冷库”，是世界上淡水的重要储藏地，拥有地球 70% 左右的淡水资源。在历史的长河里，南极洲一直都是科研学者的天堂，而如今，这块绝世独立的净土，我们也可以一睹芳容。

在南极半岛旅行，可以登陆或巡航在迷人的洛克罗伊港、天堂湾，尽情欣赏这里的壮美和美丽；也可以亲密接触呆萌可爱的企鹅，感受这个奇特的物种的魅力；还可以欣赏南大洋鲸鱼跃出水面的美丽身姿、聆听海鸟的窃窃私语。

许多旅行者将南极视作人生压轴的一站，在领略各地的风光后，他们踏上南极大陆，不为观赏，只为膜拜，膜拜这人世间最后一片净土。

[中国南极中山科学考察站]

100 多年间，人类对南极的探索逐渐从探险变成了科学考察。目前，世界上共有 28 个国家在南极建立了 53 个科学考察站，150 多个科学考察基地，因为这里是人类唯一没有破坏的科学殿堂。

最大：麦克默多站——美国

规模最大的是美国麦克默多站，位于麦克默多海峡畔，1956 年 2 月 16 日建站。

最早：奥长达斯站——阿根廷

最早建立的科学考察站是阿根廷奥长达斯站，于 1904 年 2 月 24 日建成，位于南奥尼克群岛苏里岛的斯科舍湾。地理坐标为南纬 64°45′，西经 44°34′。

最小：捷克斯洛伐克站——捷克

规模最小的是捷克人建立的捷克斯洛伐克站，建在南设得兰群岛的纳尔逊冰帽上，站内仅有两座不到 10 平方米的木板房，无水、电、通信设备，仅有 2 名队员度夏和越冬考察。

王企鹅的王国

南乔治亚岛

这里的海滩不大，周围围绕着群山，海滩上毛海豹、象海豹、金图企鹅、王企鹅混杂在一起。成双成对的海燕漫游在天空，海面上漂浮着几个白里透着蓝光的浮冰。冰川、冰山、海燕以及王企鹅与整个海湾构成一幅漂亮的风景画。这里就是传说中王企鹅的王国——南乔治亚岛。

位　　置：瓦努阿图
语　　种：英语、法语
推荐去处：拉维拉港、海底邮局
…

[南乔治亚岛古利德维肯教堂]

古利德维肯是位于南大西洋的英国海外领地南乔治亚与南三明治群岛的南乔治亚岛上最大的停泊地点。

南乔治亚岛约 160 千米长、32 千米宽，它横亘在整个南极洲，这里有大片大片超过 2100 米的高山与壮观的冰河，除此之外，这里还有深绿色的草甸与深邃的峡湾和海滩。在多年以前，这里就已成为了全世界最美丽的地方。南乔治亚岛的岩壁伸出海面，荒凉而又峻峭，在这个长达一百多英里的海岛上，有着南极地区常见的阴冷的山峰，冰雪覆盖的大陆，以及悬踞的冰川。

南乔治亚岛的金港湾也是一个较大的王企鹅繁殖栖息地，据统计每年约有 25000 对王企鹅和象海豹来这里繁殖。王企鹅归类于王企鹅属，王企鹅属里只有 2 种企鹅，分别是王企鹅和帝企鹅。帝企鹅是世界上体型最大的企鹅，但由于它们在南极的冬季繁殖，繁殖地都在永久冰冻的南极大陆，所以一般难以看到。相对于帝企鹅，王企鹅的体型稍小，但相貌与帝企鹅极为相似，色彩也比帝企鹅鲜艳。

冰川、海湾、群山、王企鹅，这里的一切都美得惊人。

新一任百慕大三角

罗斯群岛

这里是南极洲最美的一个群岛，但相比于其魅力，它的危险系数才是最引人关注的，它就像一个黑洞，吸引了无数人前去探秘，但也有无数人牺牲在了那里，因此，有人也称它为新一任的百慕大三角。

都只是自然的造化，这里罕有人烟，只有勇敢的人才敢于来到这个如原始地域一般的小岛，而这里，也只属于勇敢的人，这里就是罗斯群岛。

罗斯群岛，是南极洲的一座火山岛，主要岛屿是罗斯岛，其次包括博福特岛、德尔布里奇群岛、怀特岛和布莱克岛。这里的麦克默多站是南极科学考察最大的补给站，每年夏天（当年的 11 月至次年的 3 月）都有来自世界各地的科学家乘飞机来这里，将生活必需品带回科考站。1979 年在埃里伯斯山发生坠机事件，257 名南极观光和摄影者丧生，原因至今未查明，因此，这个小岛也给旅行者们留下了恐怖的印象。

[罗斯岛麦克默多站机场]

麦克默多站，由美国于 1956 年建成。有建筑物 200 多座，被称为“南极第一城”，是南极洲最大的科学研究中心。

位　　置：南极洲西南部
语　　种：萨摩亚语
　　　　　英语
推荐去处：萨瓦伊岛
　　　　　乌布卢岛
　　　　　拉洛马努海滩
　　　　　…

但所有恐怖的地方都会吸引一群群的探秘者，罗斯岛亦然，这个美丽且危险的小岛近年来也成为南极洲相对热门的岛屿之一。

罗斯岛上覆盖冰雪，由 4 个火山组成，最高点为埃里伯斯火山，海拔 3 794 米。1841 年英国人詹姆斯·克拉克·罗斯首先到达。1979 年在埃里伯斯山发生坠机事件，257 名南极观光和摄影者丧生。目前，美国在岛上设立的麦克默多站是南极科学考察最大的补给站。